你的每一个坚持

都让未来

多一个选择

潘小霜——

编著

民主与建设出版社
·北京·

© 民主与建设出版社，2024

图书在版编目(CIP)数据

你的每一个坚持都让未来多一个选择／潘小霜编著. — 北京：民主与建设出版社，2018.10（2024.6重印）

ISBN 978-7-5139-1922-7

Ⅰ.①你… Ⅱ.①潘… Ⅲ.①成功心理－通俗读物

Ⅳ.①B848.4-49

中国版本图书馆CIP数据核字（2018）第013864号

你的每一个坚持都让未来多一个选择

NI DE MEI YI GE JIAN CHI DOU RANG WEI LAI DUO YI GE XUAN ZE

著　　者	潘小霜	
责任编辑	王颂　　袁蕊	
出版发行	民主与建设出版社有限责任公司	
电　　话	（010）59417747　59419778	
社　　址	北京市海淀区西三环中路10号望海楼E座7层	
邮　　编	100142	
印　　刷	三河市同力彩印有限公司	
版　　次	2019年2月第1版	
印　　次	2024年6月第2次印刷	
开　　本	880mm×1230mm　　1/32	
印　　张	6	
字　　数	180千字	
书　　号	ISBN 978-7-5139-1922-7	
定　　价	48.00 元	

注：如有印、装质量问题，请与出版社联系。

CONTENTS 目录

CHAPTER 02
每一个梦想，都是你坚持的动力

CHAPTER 03
每一个逆境，都是你命运的转折

CHAPTER *04*

每一次相遇，都是成长的礼物

CHAPTER 01

你的每一个坚持，
都让未来多一个选项

尽管并不确切地知道未来是什么，

会感到迷茫和倦怠，

但只要坚定地做好现在的事情，

现在的事情做好了，机会自然就来了。

你的每一个坚持，

都能为你的人生增加无数种可能。

别人在熬夜的时候，你在睡觉；别人已经起床，你还在挣扎再多睡几分钟；你有很多想法，但脑袋热了就过了，别人却一件事坚持到底。你连一本书都要看很久，该工作的时候就刷起手机，肯定也不能早晨起来背单词，晚上加班到深夜。很多时候不是你平凡、碌碌无为，而是你没有别人付出的努力多。

当你放弃时，总有人傻傻地坚持

昨天晚上，收到了朋友A从捷克寄给我的信。她是一名专业设计师，在某大型互联网公司做交互设计，做过亿元级的产品，也折腾过小众的爱好。她有一份足够高大上的履历，却给人一种接地气的亲切感，她，于我，亦师亦友。

她在信里说：Kyle，你坚持做到了太多我做不到的事情，让我重新相信，成功其实来自笨功夫，诚诚恳恳地做别人认为枯燥难耐而放弃的每一件事情。看过职场百态，慢慢掂量出"性价比"更高的"捷径"，放弃了很多原本的坚持，不再执着于"意义"，这样的我变得油条、世故、慵懒、平庸。谢谢你，让我想起了10年前的自己。

收到这封信时，我既激动又感到受宠若惊，因为相比起朋友A，我远远谈不上优秀。其实我们之间的话并不多，通常都是一方问另一方问题，问题解决后，聊天也就结束了。我很尊重朋友A的时间，能百度到的问题我绝不浪费她的时间，得到答案后，我会立刻去实践并且及时给她反馈，她提出的任何疑问，我都毫无保留地回答。

认识一年多的时间里，我们都在各自喜欢的领域取得了重大的进步和改变。作为一个没什么特点的普通人，我没想过会给朋友A留下如此深刻的印象，如果非得找个理由，也许是我那傻瓜式的坚持吧。

曾经喜欢过一个女生3年，朋友B说我傻，说不值得。我不承认我傻，也不认为不值得，她说要告诉我真相，让我死心。我说，真相不重要，我也不会死心，我只是选择相信自己所相信的人和事而已。朋友B知道我的脾气，扔下一句"你真傻"，也就没有多说其他的了。直到毕业后，我才知道，朋友B知道我很痴心，为了不让我受伤，她没有告诉我关于那个女生的一些事情。也许是因为我傻，所以才能躲避掉很多伤害。

我之所以喜欢那个女生，和她特别能坚持有关。她是我们的英语课代表，我们上学坐的是同一班地铁，我总是想办法创造偶遇她的机会。我发现每次早上见她，她都在背英语单词，于是我也照葫芦画瓢，买了一样的单词书一起背。记得有一次和她出来吃饭，在一家潮汕饭馆，我们刚点完餐，她就把《英语周报》拿出来，争取能在菜上来之前多做几道题。我问她："你每天都这样学英语吗？难怪你英语那么好！"她低头不说话。

我被这种坚持深深吸引，因此开始了我的英语逆袭之旅。疯狂地背了2年单词，我的英语成绩从最后3名跃迁到前3名，只为能明白她在《英语周报》上困惑的那道题。没日没夜地读完44本原著，高分通过6级，拿到商务英语中级证书，完成公司一个跨国技术项目，只为证明原来英语可以这样学。

每当朋友和我抱怨没学好英语时，我总会说：没事，你已经很努力了。其实只是努力哪里够！你必须竭尽全力，才能显得毫不费力。

深圳的一个钢琴老师C发邮件给我说，看到我的文字感觉和她的经历很像，她从一所非音乐专业学校毕业，由于从小喜欢音乐，钢琴早已通过10级的她只身到深圳做钢琴老师。她的梦想是有机会到维也纳继续音乐之梦，在金色大厅演出成为她的人生目标。因此她在学生离开后，便在公司疯狂练琴，每天练习至少10个小时。她的生命中，纯净得只有音乐和梦想。

也许有的朋友说，很多玩音乐的人都一样啊，有什么特别的？我对C说：你听说过一万小时吗？你可能要花那么长时间才能成为顶级选手，为什么你不选择一条更简单的路呢？对于C而言，她高学历高颜值高情商，完全可以拥有一份体面的工作，业余时间玩玩音乐，过上优越的生活。家人朋友都觉得她背井离乡，追求所谓的梦想很傻。

她说：我觉得一万小时还不够，因为我知道我的音乐天赋不是最高的。我打算先在深圳工作1至2年赚之后的生活费，申请到奥地利的工作机会，在那边的音乐厅实习，然后再看吧。在别人眼里，她是个傻得没救的姑娘；在我看来，她是值得敬佩的追梦者。祝C一切都好。

记得村上君的《当我谈跑步时我谈些什么》里面讲到一个故事，一个电视台得知村上君是一个马拉松跑者，想拍摄他在某地参加马拉松的情况，做成一期节目。当时节目组的意思是，为了配合拍摄，让村上君参赛随便跑个5千米就可以了，没必要较真跑完。结果，村上君"傻傻地"将他们认为"没有意义的余下赛程"都一并完成了。

所以他是村上春树啊。有人在知乎上提问，为什么村上春树得不到诺贝尔奖？当村上君一次又一次与诺贝尔奖擦肩而过时，各大媒体开始感叹，村上君离诺贝尔奖越来越远了，他可能一辈子都拿不到了。

我不是一个悲观的人，我觉得村上君也不是。因为我相信，他一定会得到的，道理很简单，他每天都在写，每天都在跑啊，总能写到，总能跑到诺贝尔奖评委爱他的一天的。不是吗？大家喜欢分析一个人成功或失败的背后的原因，试图应用在自己身上，复制他们的成功，规避失败。但是，偏偏这种经验是无法复制的，而且这些"被分析出来的原因"往往不是真正的关键。

成功，不是一块又一块的奖牌，而是那份十年、二十年如一日的坚持。无论村上得不得到诺贝尔奖，他都是我最佩服的作家，没有之一。我佩服的是他这个人，他做的事，与他是否获得诺贝尔奖无关。再看了一次朋友A给我的信，热泪盈眶。最牛的成功，来自最傻的坚持，只有足够坚强，才能守护你内心的温柔。

有些压力总是得自己扛过去，说出来就成了充满负能量的抱怨。寻求安慰也无济于事，还徒增了别人的烦恼。而当你独自走过艰难险阻时，一定会感激当初一声不吭咬牙坚持着的自己。

每条路都是孤独的，慢慢地你会相信没有什么事不可原谅，没有什么人会永远陪在身旁。也许现在的你很累，但请勿忘初心。未来的路还很长，不要忘了当初为何而出发，是什么让你坚持到现在。丢失的自己，只能一点一点找回来。

给自己坚持的理由，
别让爱成为不能挽回的遗憾

万一努力一辈子都不能变成闪闪发光的人怎么办？

怕什么真理无穷，进一寸有进一寸的欢喜。

［01］

有了坚持下去的理由，再多的苦都含笑往肚里咽。

我手机上没有安装任何游戏，我不看韩剧，不看综艺节目，也不打游戏。

大家说，英语不好学，单词不好背。我刚上高三的时候英语成绩不到60分，英语老师总把我叫到办公室，嫌弃我拖累了全班的英语成绩。我高考英语考了118分。所以，不要给自己找理由了，也不要说什么没有语言天赋。

你能沉下心，每天安安静静地背单词吗？一个单词写7遍，30分钟背30个单词，每隔30分钟再复习一遍，你把看韩剧看综艺节目的时间拿出来，四级考试单词真的就能背下来。

我以前想在网上录有声小说赚钱，每次试音都不通过，我只能走"曲线救国"路线，自己做了个电台。第一次装音频剪辑软件的时候，怎么降噪，怎么混音，怎么导出，来来回回装了四五遍才搞定。

我把网上能找到的相关视频统统看了一遍，要注意的地方都一条一条仔仔细细地写在了笔记本上。

等真正学会后期的时候，每天做两三期节目，一遍一遍地听主播发过来的节目，哪里破音了，哪里停顿了，哪个地方换气声明显了。把不合适的一点一点细微地剪掉，再重复听有没有读错的地方。

基本上每天都要熬夜到一两点才能弄完，第二天起不来，就冲到阳台上洗个冷水脸。

我的电台差不多积累了10万左右的粉丝，录了100多期节目。

当我再去选择录有声小说的时候，已经可以轻而易举地通过试音。

其实你真正在投入到某件事的时候，一点都不会觉得累，也不会觉得无聊，只是很多人甚至不愿意迈出第一步。

坚持没有那么难的，当你真正走出第一步的时候，剩下的九十九步都不算什么了。

[02]

不抱怨没有天赋。

我不是一个文笔很好的人，很难用语言打动别人，写东西的时候经常会自卑，甚至羡慕别人写出来的东西是那样的笔生莲花，生动活泼。

不过这个世界大部分的人的努力程度如此之低，以至于根本轮不到拼天赋。

所以坚持下去就好了，像我这样，用这个不太灵光的脑袋，和这具拖着责任的身体，跟跟跄跄磕磕绊绊地往前走，无论前方是万丈悬崖还是鲜花掌声，都义无反顾。

每天早起，10天看一本书，一天写1000字，一天背100个单词，学习一点新东西……

我们要成为什么样的人，未来的每一步怎么走，往哪个方向，终究是我们自己决定的。

不要用没有天赋这个理由来欺骗自己了，这个世界上大部分人都没有天赋。

如果只有一个人能成功，为什么那个人不能是你呢？

我不希望你大器晚成，我希望当你遇到喜欢的人的时候，能牛气哄哄地说："走，跟我回家结婚去。"

当你想守护某个人的时候，能毫不迟疑有底气地站出来说："她是我罩着的，谁都别打她主意。"

[03]

不介意吃苦。

上天不会辜负每一个人的努力，你吃过的所有苦，都会用另一种方式体现在你的生活里。

好像爸妈离婚之后，我过年就没有地方去了。

有一年放寒假，真的是没有办法了，我一个人带着点行李出去打工。没地方住，在工作地点的附近租了个小房子。

大冬天，穿着旗袍在室外做接待，冻成狗啊，肚子上贴着暖宝宝，现在回忆起来都觉得冷，不过那个时候我就明白挣钱都是不容易的。

大年三十，我成功地被冻感冒了，吃了两片药睡了一觉，等醒来的时候已经是傍晚，房东阿姨给我送了一大盘饺子，说是自己包的，让我尝尝。

本来不觉得有多心酸委屈，只是吃第一口饺子的时候，鼻子特别酸。

可能是当时比较饿，在我记忆里，那盘饺子是我吃过的最好吃的饺子。

其实很多人和我一样，在大城市拼搏，过年可能都回不了家，或是一个人在小小的出租屋里，一个人吃饭，一个人看春晚，给家里打电话的时候，还要忍着眼泪说：挺好的，不要担心。

当你经历过人生最艰难的时刻之后，再遇到任何事你都不会被打败了。

这么艰难的日子你都过了，还怕什么呢？

所有不能打倒我们的，终将使我们更强大。

其实学会不说话是一件挺难的事儿。学会高兴不说，痛苦不说，得到不说，失去不说，跟朋友不说，跟家人也不说，自己慢慢消化情绪，但是在一切都过去之后一定要对自己说，还好坚持过来了。希望我们都能成为温柔而有力量的人。

当你很累很累的时候，你应该闭上眼睛做深呼吸，告诉自己你应该坚持得住，不要这么轻易地否定自己。谁说你没有好的未来，关于明天的事后天才知道，在一切变好之前，我们总要经历一些不开心的日子。不要因为一点瑕疵而放弃一段坚持，即使没有人为你鼓掌，也要优雅地谢幕，感谢自己认真的付出。

用咬牙坚持来换希望的曙光

最近又到了毕业季，时常会有一些准备毕业的学弟学妹向我抱怨，说自己实习的工作单位领导不好，准备炒老板鱿鱼。也有一些已经找到工作了的，问我怎样找到更好的单位，说现在的工作这也不好那也不如意，不能达到自己最初的期望。这个问题，我觉得好难回答。

在我眼里，公司、领导或者同事都没有绝对的好和坏，每个公司、每个领导、每个同事都有好的一面，也有不是那么好的一面，重要的是我们如何看待这些好和坏，如何学会让这些资源变成自己成长和历练的好帮手。

就我个人而言，至今已经工作了6年时间，从事过几份工作，进入过几家公司，遇到过形形色色的人。这些公司有大有小，有比较团结的也有喜欢拉帮结派的。遇到过的领导，也是五花八门，有很关心下属的，有漠不关心的，也有百般刁难的。同事更是不用说了，什么样的都有，有阿谀逢迎喜欢拍马屁的，有埋头苦干默默无闻的，也有雷厉风行敢说敢做的。可以说这6年的经历，远比我读十几年书对这个社会的了解要深透得多。

刚刚毕业的时候，我也总觉得能够遇到一个好公司、遇到一个好领导、遇到一帮好同事是件特别幸福的事情，总想着如果自己毕业后能够如愿以偿遇到这么好的公司，该有多好。

后来慢慢发现，这样的公司也不是那么容易遇见的，相反，做足心理准备，反而没那么糟糕。

仔细回忆，我自认为在自己的求职生涯中，曾经遇到过一个不错的公司，那个公司的领导非常开明，同事之间相处很愉快，工作效率非常高，没事的时候我们总是有说有笑，其乐融融的。

那时候，全公司人在一起吃饭，像一个大家庭的似的，特别开心。初涉职场的我以为这样的局面会持续很久，可好景不长，没多久的一次中层领导变动，搅乱了整个格局。确切地说是因为竞争的关系，新进的领导和先前的领导时常因为观点不同发生摩擦，在处理一些问题上总是各自为政，互不相让。而下面的人也开始分成两派，你我都互不相让，谁都看谁不顺眼，整个局面就变得特别糟糕。很多同事对这样的大环境感到不适应，陆陆续续走了。只有少部分人因为谋生的原因，即使环境变得再不好，也不得不咬牙坚持，我就是其中的一员。

记得那些日子，领导之间明争暗斗非常厉害，各个都互不相让，下面的一些人，自然成为领导斗争的牺牲品，我们就是处于两头不是人的状态。

有时候这个领导刚刚叫我们干这样的活，那个又压一堆任务给我们，加班加点是家常便饭。最难过的是，当我们没日没夜做出成果时，领导各执一词，最后我们不仅吃力不讨好，还哪边都得罪不起，一个事情往往要提供多个选项，这让我们感到特别的崩溃。

为了发泄情绪，很多时候，我们只能一边强装微笑接过任务，一边相互吐槽和诉苦，有些性格急躁的同事甚至还爆粗口。可就算这样，为了生活，我们还得继续坚持。至少我是没敢抱怨太多，因为谋生的问题摆在眼前，你不做照样有人做，这个世界上最不缺的就是随时可以替代我们的人。

想到这些，我就告诉自己，不管现在多苦多累，都是一个积累的过程，有一天也许我们会庆幸自己曾经努力过、苦痛过。果不其然，在那里咬牙坚持的日子，让我们成长很快，无论是在吃苦耐劳、任劳任怨方面，还是在沟通交流、察言观色方面，我们都有突飞猛进的进步。

正是那段日子的历练，也让留下来的那几个同事在一年后陆陆续续都找到了更好的下家。我跳槽之后成功竞聘到了一个开发区做土地开发，工作环境和薪资待遇都有了明显的提升，而另外和我一起跳槽的两个同事，一个成为她梦寐以求的记者，还有一个进了某家知名银行。

后来几个人偶尔小聚，谈起那段时间咬牙坚持的经历，谈起那个糟糕的工作环境，我们依然还是觉得十分感谢那段日子，感谢那段吃力不讨好的时光。因为没有那段日子的历练，恐怕我们都很难快速成长，而后遇见更好的自己，遇到更好的工作单位。后来，我时常这样告诉自己："生活有多无奈，我们就有多坚忍；环境有多恶劣，我们就有多顽强。"

有时候，我们真的要学会换一个角度看问题、看世界。

年轻的时候，我们都很单纯地觉得一个很好的环境能够塑造一个人，因为好的环境给了一个人非常优越的成长平台；可长大后我们却发现，职场里不是每个地方都是一片沃土，很多时候，越是贫瘠的土地，我们越要学会顽强地与恶劣环境抗争，最后在贫瘠土地上生根发芽、枝繁叶茂、开花结果。明白了这一个道理，我们便也少了很多抱怨，多了很多信心和勇气，而每一次的咬牙坚持，甚至是哭着咬牙坚持，定会在未来的某一天，让我们看到不一样的自己，甚至迎来希望的曙光。

　　当我们开始享受一个人的生活，开始懂得用读书、工作、看电影，或者坚持一些小爱好来填满自己的生活，而不是一味地将排解孤独的方式寄托于另一个人，才能真切感受到生活的美好和追求，才不会在面对所爱的人时，试图用孤独、抱怨来捆绑对方，而是彼此理解、包容和鼓励。

每个人想真正强大起来，都要度过一段没人帮忙、没人支持的日子。所有事情都是一个人撑，所有情绪和思想都只有自己知道。但只要咬牙撑过去，一切就不一样了。无论你是谁，无论你正在经历什么，坚持住，你定会看见最坚强的自己。人活着不是靠泪水博得同情，而是靠汗水赢得掌声！

每一种付出，都会在未来派上用场

[01]

接到入职审批结果的那天，是我在现在的单位坚持无薪实习刚好满6个月的日子，准确地说，是在那里的第183天。在从干人事的同学那里打听完她公司招聘的职位之后，以及在消极地整理资料向报社投简历之前，我收到了部门负责人的微信通知。

坦白说，关于通知的出现，我曾在脑海里勾画过无数次不同的画面，而我也曾一度认为当这些画面拼凑在一起的时候，不论是喜剧还是悲剧，都将是一部励志"微电影"，而我这个"微电影"女主角一定要为这部"微电影"的上映配上最美丽的片名和最感人的旁白。

记得有次遇文荒，在征求朋友们题材建议的时候，一位朋友的推荐是——职场故事，当时，我果断拒绝了，理由是我会写，但时机还未到。其实说实在话，6个月的时间，说长不长，说短也不短。长的是6个月的时间，闺蜜从怀孕走到了临产，而我却仍是刚毕业时的一无所有；短的是6个月时间，还未到一年，还不够365天，还不到我走过的人生的1/24。于是作为一个初入职场，哦不，严格来讲，是作为一个还未真正踏入职场的人来说，谈论职场故事，我不够格也毫无经验。

但是即便这样，我也不忘构思关于这份坚持的文章，不仅仅因为我喜欢写作，更是因为我觉得每一份不简单的经历都值得被记载。而关于这份坚持，我曾想过两种结局：一种是我会选择在某一天，挥一挥衣袖，跟这份坚持说再见，然后故作镇定地用骄傲的语句写上一篇叫作《坚持过，只是不再坚持下去了》的文章为这段不完美的经历画上一个句号；另一种结局是我凭借这份坚持终于迎来了我想要的结果。那时，我想我应该会激动地用诙谐的词句写上一篇名为《闺蜜诞生了孩子，我"出生"了工作》的文章，我觉得写这篇文章时我一定会把自己写哭的，所以，文章的开头我应该会备注上："亲爱的朋友，请珍惜你所看到的每一个文字，因为要知道，这里面的每一个文字或许都带有现在正在码着字的这个女孩不禁流下的泪滴呢。"

坦白讲，在接到通知前的任何一个时刻，我都是秉承着无论上天给我的这份坚持安排何种结局，我都会泪眼婆娑地记载下关于这份漫长等待的所有心里话的信念。可是，当等待的结果不期而至的时候，我的反应竟是麻木的。没有兴奋窃喜也没有感动大哭，心里反而出乎意料地涌上了一股莫名的苦味，继而慢慢散开，但那种涩涩的滋味仍在心中久久未能散去……我不能明确说出其中的真正原因，但可以肯定的是，有时候当一个漫长的等待终于等来了结果，其实也意味着一段关于坚持的经历被彻底宣判了结束，而这个结束，注定伴着一个新的开始的来临，而这个新的开始，又将带着满满的新压力扑面袭来。所以，心被掏空期望再被灌入压力，其实是一个苦涩的过程吧。

当然，正因为上述情况和我当初想象的画面实在差太多了，所以，我的备选题目很遗憾统统都被淘汰了。可是文章不能没有题目呀，于是，我又临时想了现在的这个题目——《每一种付出，都会在未来派上用场》，希望接下来的文字，虽然记的是过去的坚持，但还是可以成为你我继续前行的暖心鸡汤。

[02]

有人说"念念不忘，必有回响"，最初我特别相信，后来慢慢质疑，最后甚至开始否定，可是现在我又选择了再次相信。生命给我很多考验，以至于我到最后开始怀疑老天爷的不公平，可是当这份坚持终于等来了回响，我似乎明白：一个敢于付出的人，最后都是幸运的。好在，老天爷最终还是眷顾我的，它至少没有让我灰溜溜地和这份漫长的等待不甘心地说再见。

关于这份6个月的无薪坚持，很多人听后都会当面说我傻，仁慈点的，会"夸"我真有忍耐力。其实我知道，这也是说我傻的另一种方式。一开始，我会理直气壮地反驳，可是后来，随着时间的推移，我发现这两种说法每隔一段时间就会从我脑海里窜出来扰乱我的情绪，我变得浮躁，变得想要放弃。

可是放弃也不是一件容易的事啊，就像坚持一样，每一份坚持的背后都藏有不止一个的原因，而放弃的过程就是一个反复寻找理由对抗坚持的过程。人之所以坚持，不敢放弃，很大程度上并不是因为活得太小心翼翼，而是还没有找到足以对抗坚持的坚定理由。

我仔细考虑过我的这份坚持，究竟是靠什么力量支撑着的，然后我发现，可以用以下三个方面来阐述。

（1）倾注越多，放手越难

当一份坚持随着时间推移而继续进行时，不断累积的投资会大大影响我们的选择，于是我们不知不觉地就陷入了沉没成本设下的圈套。简单地理解，这就是我们常说的不甘心心理在作祟。

你玩过娃娃机吗？其实玩娃娃机是很费钱的一项游戏，你一元、两元、五元、十元地往里投，很可能到了几百几千都未必能夹上一个娃娃。可是很多人还是会不停地往里投钱，原因只有一个，他们想要避免投入的金钱、时间和精力所必将带来的负面情绪。所以从这点来讲，玩娃娃机就是一场小型赌博，投入越多，越难放手。我看过一个人玩娃娃机，在投入了几十块甚至几百块之后，他终于夹到了一个，我以为他会就此放手离开，可是，接下来的一幕瞬间让我凝固，他将夹到的娃娃退给了商家，然后用商家退的钱继续他的"赌博之旅"。显而易见，他"上瘾"了。其实也不仅仅是"上瘾"，更多的是，那个娃娃让他看到了希望，让他觉得这项游戏其实并不难，他可以用他掌握了的夹娃娃技术，继续让过去的成本减少再减少。暂且不说结局会如何，光从这个心理角度来说，很明显，迷恋玩娃娃机的人，心里藏着不甘心，投入越多，他的这份不甘心便越严重。

回到我身上，我6个月的等待，其实也好比玩娃娃机。投入了很多，却常常看不到希望，想过放弃，可是又不甘心，于是总是要等到突然之间的一个"惊喜"，就像夹到娃娃一样，让我看到坚持下去的希望，于是又开始不断地投入再投入，期间还必须要忍受再次看不到希望的苦恼，可是只要一想到过去的投入和付出，瞬间又会不甘心起来，于是我能做的，就是继续下去。

在很长一段时间里，我都抱着试一试再试一试的心态，用手里的沉没成本赌着自己的未来。我不知道结局会怎样，不知道是输是赢，是登上高峰还是坠入悬崖，我只知道，一旦放弃，我便一无所有。

（2）心最终会晴朗，因为身边有群懂我的人

你知道人在面临绝境、无能为力的时候，常常会说出怎样的话吗？

"算了，如果还是不行，我就放弃！"

"我不想再努力了，这是最后一次！"

"反正已经够惨了，再惨也惨不到哪里去了！"

"……"

这些话带着憎恨、无奈或是怨气，看似像是在放弃，实则是我们给自己一遍又一遍的"最后一次机会"。

说实话，这6个月的坚持里，我的心不总是晴朗，情绪总是波澜不定，捉摸不透。好在，只要我一难受，坚持不下去的时候，身边总有一群懂我的人，会说这样的话：

"妹妹很坚强，再等等吧，你的努力终会被看见的！"

"再坚持坚持，你可以的，你想要的，老天都给你准备着呢！"

"别难过，乐观点，或许明天就会有转机呢！"

"……"

这些话充满鼓励，也带着希望，虽然是安慰或同情，但只要一听到，仿佛我的整片灰色天空就能第一时间被照亮，让我收获雨过天晴的喜悦，于是笑一笑，又继续向前了。

我很感谢这群人的存在，因为是他们陪我把一路的坚持等出了答案，把独自孤单变成了勇敢，虽然他们不是我的世界，但他们用他们的肩膀为我撑起了我的世界。

（3）所有因悲愤而起的"报复"，不能使你堕落的，就一定能让你变得更强大

微信订阅号里看过一个失恋女生写的一篇心情故事，不同于其他失恋文章，她的文字里充满悲愤之后的强大报复力。她的初衷很简单，就是希望有一天，她所有用心写的文字都会被曾经抛弃她的那个男生看到，然后让他后悔甚至回心转意。后来，她做到了：她的文字被朋友圈疯狂转载，虽然曾经的那个他还是没有给她任何回应。但是她还是成功了，因为分手带给她的最大意义在于，她让自己变成了更好的自己，光这一点，已足矣。

不知道你认不认同：所有因悲愤而起的"报复"，不能使你堕落的，就一定能让你变得更强大！说到这，大概你已经猜到了，我的坚持也和一场因悲愤而起的"报复"有关。那年有个人听过我对未来工作的展望后，扔出了嘲笑，而后我在追梦的路上真的出现了一次又一次的失利，于是那个人继续用嘲笑狠狠砸向我，顺带向我证明了自己的先见之明。

和那个人，我现在早已没了联系。那个人或许早已忘记自己曾说过的那些话了，可是，我却依然记得，每一字都像是一把藏在我背后的利刃，我只能向前，因为退后便是那个人的又一次嘲笑，也是我的又一次心痛。于是，我带着不服气，坚持了这份漫长的等待，从一开始的证明自己报复他人，变成到后来的使自己变得更好，原谅甚至感谢别人，我才发现，原来，我咬牙坚持跪地爬行的这段路，看似报复某人，其实却让我成为更强大的自己！

[03]

有人问：如果看不到确定的未来，还要不要付出？我只能说，并不是每一种付出都是在追寻结果。在付出的路上，能够清楚地看到自己想要的或者不想要的，这何尝不是一种宝贵的结果呢？

我可能永远都不会忘记一种感觉，那就是当同事和领导传授我做事经验时，我内心散发出来的远比拿工资还满足的那种感觉。我希望多年后，不管我在什么岗位，做着什么样的事儿，拿着多少的工资，我都能记住这种知足的感觉，因为它足够宝贵。

毕业以前，我从没想过自己可以那么久地坚持一件看似希望渺茫的事情，也没想过毕业后的我还可以比学生时代的那个我更勤奋，更能像海绵一样汲取每一滴水分。我只相信每一次积累、每一回历练，都会在未来的某一刻派上用场，把我推向一个位置。而我真的靠着这个信念一直撑到了现在。仔细回想这6个月，那些过去我以为过不去的，其实都已经过去了；过去我以为扛不住的，现在也已经扛下来了。

[04]

二十几岁是个什么样的年纪？有人说，二十几岁根本没有10年，因为时间过得太快，我们需要做的事又太多。看起来满满的10年，我们需要花上一半的时间去拿漂亮的学历，装满腹的学识，然后花剩下的一半时间去跻身立足，实现梦想。我们学习、毕业、求职、恋爱，然后被抬进婚姻，成家、生子……每一个看似简单的任务，完成是一回事，完成得漂亮与否又是另外一回事。其实别小看我们的二十几岁，它决定的可能是我们接下来的人生轨迹。

所以，请喝下这碗二十几岁小女子熬的鸡汤，味道可能不够香浓，但只此一碗，错过便无。来吧，干了这碗鸡汤，然后我们一起为自己的人生继续努力！

不是井里没水，是挖得不够深；不是成功来得慢，是放弃得快。所以成功不是靠奇迹，而是靠轨迹。美好生活要有四度空间：宽度，深度，热度，速度。成功者的工作状态需具备五动：主动，行动，生动，带动，感动。失败的人习惯了放弃，而成功的人永远选择坚持！

见过一些人，他们也朝九晚五，有时也要加班，却能把生活过得很有趣。他们有自己的爱好、不怕独处，有自己的生活圈，也常聚会；他们有自己的坚持，哪怕没人在乎。我佩服每个能在平静生活中活出趣味的人。没有无所事事的人生，有的是无所事事的人生态度。如果内心贫瘠，换一万个地方生活都雷同。

那些看上去刚刚好的
事情，只因你不带功利的坚持

好长一段时间没有和上一家老板联系了，但会在逢年过节的时候给他发信息，从他的公司离开之后每年都会发，尤其是传统的节日里，比如中秋和春节（当然短信是"限量版"的）。我发现在他手底下给他卖命打工的时候，很多想法每每总是如鲠在喉，关键的时刻却说不出来，辞职之后倒是少了这层顾忌。

他从来没有给我回复。

我也没有期待，但这却是一个真实而又理想的结果，像他的作风。劳资关系的破裂多多少少会给他留下一个不好的印象，他是个喜形于色的人，笑的时候一定是皮和肉一起运动的，不像那些老谋深算的政客或大企业家，泰山崩于前都还可以四平八稳地刷微博、回复一下评论，顺便给哪位美女粉丝发几条龌龊的短信，相约黄昏后，有事床上聊。

我感谢这些老领导，一路感谢着。对于初入职场的人，有些潜伏期较长的教益，好像太高的山在眼前的时候，你把脖子仰成180度，也看不清它给你带来的价值的巨大，直到有一天你走远了，猛一回头，才发现那座山峰高耸入云。

山的高是没有问题的，只是你的高度或者角度不够好。

结果完美与否对我的影响很短暂，不能说没有，但我更清楚对于一个小小的劳动者来说，合作不成造成的损失与在工作中得到的历练相比，算不了什么。好比谈了一场没有结局的恋爱，我会选择性地记住那些美好的过程，所受的伤不能忽略，它所能够带来的更大价值则是如何善待下一份爱情，而不是因噎废食。

可见，恋旧而又固执的人是多么的不可救药。

当然，如果你遇到一个比较变态的上司，则会让你感到很崩溃。但是我的职场经历确实使我学会了带着感恩的心态回顾过去，去对待那些如果再没有后续的利害关系就跟陌路一样的人。

上周部门去麦乐迪聚会，可能是在我尽情吼叫期间，他的电话打进来了，中途换了包房我才发现有个未接来电。

很奇怪，这么长时间没有给我回复过信息，我以为早进入他的垃圾短信黑名单了，不知道他打电话是因为什么事。

我找了个僻静的地方。

他当头就问："你还在学习吗？"

这僻静的地儿正挨着门口，风很大，这句话却听起来很晕。

是不是嫌我编短信的水平太低了，还是他跨界开了家培训公司？但无论如何我不能说没有。

我说："是的，我一有时间就自学。"

他说："嗯，那就好，有家培训公司开个人力资源年会，主题是关于什么人力资源发展趋势，邀请我们参加，还有个名额，我想你要是想去的话，我可以把你加上。"

这世上无心插柳的事情常有，但细想一想，也并不全是无心的。那些最关注你的人，也许恰恰就不在你的FANS（粉丝）团里，他时刻关注着你，却不想去打扰你，你还以为这个人根本就不存在；或者他躲在一个角落里，从来也没有说过话，但在你最需要的时候，他总能刚好出现，像泛滥爱情故事里巧遇的桥段一样。

实际上哪有什么刚好的事情，都不过是之前埋下的伏笔罢了。

就像世人的成功，大概可以分成两类：大部分是因为坚持，极少的是因为运气不错，两个因素都占的，就是乔布斯了。

蹩脚的书商们却可着劲地演绎成功这两个字，将原本简简单单两句话就能说明白的道理，编排成林林总总的什么成功学、励志学、心灵鸡汤系列……炒作都是吹气球。当风头一过，你去看，各大图书馆里借不出去的、书店里打折最厉害的、街边书摊上10块钱一斤的都是这类书。

浪费些纸张油墨没有关系，可惜的是浪费了多少人永远无法倒流的时间。不仅借鉴过来的都是弯路，就连自己走路先迈哪条腿都糊涂了。

最禁不住时间考验的是时尚（包括畅销书），其次是爱情，最次是青春。

时尚一季可能就已过时，爱情常是两三年，青春倒是可以挥霍很长一阵子。

投机取巧的办法都要承担巨大的风险，你在选择如何生的同时，赠送给你的是对应的死法。而坚持，可能是最笨、风险最小、受众面最广却成功率最高的方法了，很多方面都适用。

没有任何功利性的坚持。自从4月1号那天——我当时辞职怎么会挑这么个吉祥的日子——递了辞职报告，我就再也没有打算过回他的公司，但是我知道要没有他的支持和容忍，可能我在人力资源这条钟情的路上走得会很艰难。

怀着感恩的心态，以中国最传统的节日作为借口，告诉他："老板，虽然我最终还是辞职了，但我对于您给予我的帮助还是铭心的。"

做老板的人，阅人无数，我相信他看得穿我说的话是真还是假，不做作，也不华丽，像流年一样平淡。

我想到下周那天正好有个自己的培训，今天马上打电话给他说时间冲突了。

谈了谈往事，我的记忆还搁浅在那个4月1号，我总以为都是昨天的事情，经他一说，发现改变已是天翻地覆。公司小，人事变动频繁也属常态。

他一直很关注我的成长和学习情况，问我考证了吗。

我说去年参加了考试，理论部分只考了36分，就是论文还可以，现场编了一两千字得了85分。

他告诉我专业知识和实践经验同等重要，专业知识决定了深度，实践经验决定着高度，缺哪一个都难以做出成绩。他还教给我一些备考理论科目的经验。

他仍然是一家公司的老板，而我已不再是他的下属，他却像从前，没有过芥蒂一样地授予我经验。

我似乎是为了感谢过去才坚持跟他联系的，过去确实过去了，忘年的交情又开始延续了。

　　不要因为一点瑕疵而放弃一段坚持，没有一份工作是轻松的，没有人是完美的，坦然地接受残缺，耐心点，坚强点。人生就是一场漫长的对抗，有些人笑在开始，有些人却赢在最终。命运不会偏爱谁，就看你能够追逐多久，坚持多久。

每个人都有觉得自己不够好、美慕别人闪闪发光的时候，但其实大多数人都是普通的。不要沮丧，不必惊慌，做努力爬的蜗牛或坚持飞的笨鸟，在最平凡的生活里，谦卑和努力。总有一天，你会站在最高的地方，活成自己曾经渴望的模样。

努力就是不断坚持的过程

[01]

我念高中的时候，经常听我的英语老师说，背单词没有什么诀窍，秘密就是一句话：重复是记忆之母。

那时候，学习英语并不是因为兴趣，而是为了高考，学习英语总是很被动，有时候就是自己逼着自己学的。但不得不承认，看着散乱的单词重复来重复去，不经意间却能够默写出来了也是一种成就感。

高中的时候，我背文言文很快就能够记住了，方法就是一遍又一遍重复地读，还没有读到100遍的时候，就已经记住了。

所以有时候，那些说记不住单词、背不出文言文的同学我有些无法理解，就算是死记硬背都背下来了，如果再加上理解就更容易记住了。

不是记不住，而是你太懒，不愿意去做。之所以到现在还能够记住我的那位英语老师，就是因为她总是在守我们早晚读的时候重复那句：重复是记忆之母。说的次数多了，不经意间就刻在我心里了。

我从小就体质不好，特别瘦，体育特别差，对别人来说最喜欢的体育课却成了我最讨厌的课。可是，那时候害怕体育、讨厌体育的我在中考体育考试的时候却取得了满分。

当知道成绩的时候我简直惊呆了，特别是我最害怕的800米跑，我得了满分，如果现在让我去跑，估计4分钟都跑不完，可是，14岁的我却做到了。如今，那一次体育的满分，一直让我相信：坚持下去，你就会与惊喜不期而遇。

其实，我的方法就是每天都坚持跑四五圈。那一年，我们的学校搬去了郊区，学校还在建设中，我们没有体育场跑，只能围着几栋教学楼跑。那时候路还没有修好，不是石头就是沙子，或者跑着跑着就踩到了一个坑，可是，我们还是必须跑，而且每一圈都超过1000米。

除了体育老师天天逼着我们跑，还有就是我们都想考上高中，结果是好的，我不仅考上了高中还考上了重点班。

那是年少时，我记得最深刻的一句话：重复是记忆之母。

后来我才明白，重复不仅可以记住东西也可以让你坚持下去，并获得更多意想不到的东西。

[02]

15岁那一年，我看见一个特别清秀的男孩，看他向我走来的时刻，我的心忽而跳了跳，我的脸不受控制地立马就红了。

从遇见他的那一天起，我就把与他相关的事情记录在我的日记本上，虽然不是每天都记，但从不会间断。那些不敢和他说的话、那些想要说的却又说不出口的话，那些与他之间发生的快乐的、悲伤的事，全部变成文字被记在了我的日记本里。

我的日记一写就是整整3年，全部加起来有厚厚的6本，除了最后1本在我手里，其他5本我都在高考毕业的时候送给了那个男孩。

我称那个男孩为F君，日记写到第1本一半的时候，我和他第一次争吵了；日记写到第2本结束的时候我们分班了；日记写到第3本的时候，都是他为我做的那些感动的事；日记写到第4本的时候，F君和另外一个女生恋爱了；日记写到第5本的时候，我把所有告白的话都写在最后那一页了；日记写到第6本的时候，我们高考结束，我和F君也去了不同的地方念大学。

后来F君成了我的男朋友，我爱他一爱就整整5年。F君告诉我，高考毕业的时候，他的日记还有最后一本没有看，被他搁置到一边，等F君看到我给他的第5本的时候已经是快大三了，他说他看哭了。

后来，我们在一起了，是异地，有个假期，F君对着视频把我给他的那5本日记一篇一篇地念给我听，我听着那些我写的日记，把自己感动得稀里哗啦的。原来，那个时候的我，那么执着，那么疯狂，那么傻。

再后来，我的朋友说，你的爱情就是你努力来的，我说，是啊，人是我追来的，爱也是我努力来的，现在换他对我努力了。

现在F君对我好得不像话，浪漫得不像话，我对F君说："要是你现在对我做的事情，高中的时候就为我做了，我会高兴得几天几夜都睡不着。"

F君说："为什么？"

我说："那个时候我最喜欢你。"

爱情里的努力并不需要多么的惊天动地，有时候就是一件很小的事，一直重复着去做，就会收获美丽的爱情。

　　我想，努力并不需要多么的刻意，多么的用力，而是你能够把一件很小的事情坚持做到极致。

　　如果你要练习听力，就要重复地听一盘磁带，直到能够把里面的每一句话复述下来。

　　如果你要学习策划，不妨把人家经典的案例重复看上几十遍，直到能够记住为止。

　　如果你要学习绘画，不妨重复练习先把一个苹果怎么画好。

　　…………

　　努力，就是你不断坚持的过程，是你愿意忍耐枯燥，能够把一件很小的事情重复做下去。

　　努力，是你"不积跬步无以至千里"的决心，是你愿意挑战自己的勇气。

　　有人对马云说："我佩服你能熬过那么多难熬的日子，换我早疯了，你真不容易！"马云说："熬那些很苦的日子一点都不难，因为我知道它会变好。我更佩服的是你，明知道生活一点不会变，还坚持几十年照常过。换成我，早疯了！"

水再浑浊，只要长久沉淀，依然会分外澄澈。人再愚钝，只要足够努力，一样能改写命运。不要愤懑起点太低，那只是我们站立的原点。人生是一场漫长的竞赛，有些人笑在开始，有些人却赢在最后。

拼着一切代价，奔你的前程

［01］

有读者给我留言说，他是个大学生，现实和理想差距很大，他想实现梦想，从不抱怨，用心努力，就是没法坚持，没有效率。

这种说法就好像买东西，东西你很喜欢，可是你没有钱，你觉得老板会卖给你吗？

想要什么，就得拿出相应的诚意才是。

假如，一个人说他要去图书馆看书，结果到了那里就是发个朋友圈签到，然后玩手机，在图书馆泡了一整天书就看了3页。

然后回来问你："我都这么用功了，怎么就是学不好？"

你会认为这个人用功、努力吗？当然不会。

连坚持都谈不上的努力，也能叫努力？

怕就怕你什么都没有付出，还在标榜自己是个拼命的人。

[02]

以前，去上海面试。

上海的堂哥问我：你来是不是收到很多面试通知，才集中过来面谈的？

我说："不是，就一家公司叫我来面试。"

他说："就一家公司的面试通知就能让你从广州大老远飞到上海，你可真拼啊！"

我说："因为我特想进那家公司，为了看一看梦想是什么样子，我甘愿付出我付得起的任何代价。"

我堂哥感慨："这个社会什么都不缺，不缺钱更不缺人，真正缺的是诚意，你真是有诚意。"

当然，结局是，我面试并没有通过。

也许有人会觉得我傻，浪费时间浪费成本。

可是，这点时间、金钱和执着就是我能拼光也不会觉得浪费的代价啊。至少，我看见了梦想，看到了自己的实力，也找到了努力的方向。

为了实现人生的目标，你得拿出诚意啊。

要是嘴皮子能说出个实实在在的未来，为什么还有这么多人那么拼？

我之所以这么拼，不是为了别的，就是为了这份诚意。

我亏吗？一点也不。

[03]

孙二以前是我的实习生，在我手下学过东西的人也有几个，她是天分

"最差"的一个。

之所以这么说，是因为什么事情都要教3遍她才会，而且做事情比任何人都慢。不是说她不努力，相反她真的很努力，最后都会把事情做好。

最近她发微信跟我说她已经两天没睡觉了。

我问她在干吗，她说写的方案被甲方打回了两次，还被骂哭了，正在努力改方案。

她说，幸好这么多年她最会做的事情，就是忍着。

最终方案通过，她能好好地睡觉了。

就是她知道自己的弱势，才这么拼命地忍受各种艰难和指责，才愿意花费比别人更多的努力，最终去获得她想要的结果。

孙二曾经和我说自己很累，天天都为了生活奔波。

我说："如果现在受累为的是你以后不那么累，你会拼命坚持吗？"

她只回了我一个字："会。"

我对孙二说："你这么拼命，是对你人生最大的诚意。"

她说："我都拼命这么久了，诚不诚意的我不知道，至少最后达成目标的时候都无比满足。"

话虽这么说，要是没有对实现梦想的真情实意，还会这么拼命吗？

[04]

拼命的过程永远是痛苦的，马云说："改变是痛苦，但不改变会更加痛苦。"

1974年还在被人笑话的洗车工周润发，要是不拼命能成为片酬最高的华人影帝吗？14岁就在做民工的王宝强，要是不拼命能有《天下无贼》《人在囧途》的红遍中国吗？曾经连篮球都不会打的樱木花道，要是不拼命能打进全国大赛吗？

巴尔扎克说："拼着一切代价，奔你的前程。"

前程虽然布满荆棘，但是除非你的心脏停止跳动了，否则请你始终拿出拼命的劲头去追梦！

那些还在抱怨自己的努力换不到任何回报的人，请问问自己真的对人生拿出诚意了吗。

这句话已经听了无数次了：你必须十分努力才能看起来毫不费力。

只有拼了老命，才是对人生最大的诚意！

千万不要把自己的软弱展现给别人看，千万不要把自己的狼狈述说给别人听，因为根本没有人会觉得你很可怜，只会觉得你很无能很没用。现在的你要是多学一样本事，以后的你就能少说一句求人的话。现在我就想干一件事，就是让自己变得更优秀。因为只有自己足够强大，才不会被别人践踏。

不要因为孤独就去找一些不适合自己的娱乐方式，迎合一些不属于自己的群体，爱一些唾手可得的人。你努力合群的样子，并不漂亮。每个人都有孤独的时候，不要因为一时的空虚就打乱了你的坚持、你的思想，我们都一样，耐得住大寂寞，才能看见美好繁华。

忍得住寂寞，才能看见繁华

她出生在一个较为偏远的山村，在那里，村民依旧过着自给自足的生活，日出而作，日落而息。她家也不例外。作为几个孩子中最大的她，从小就要承担起帮爸爸妈妈料理家务、照顾弟弟妹妹的责任。

虽然生在偏远的山村，但是她并没有重走先辈们简单的人生之路，只因她有一位思想开明的父亲和一位默默支持她的母亲。他们并没有因为她是女儿而轻视她，而是一直鼓励着她。在那个盛行"重男轻女"的年代，即使每天粗茶淡饭，她也是幸福的。

6岁，是儿童背起书包上学的年龄，她自然是很想去的。然而，家里却连个新书包都买不起，只能眼巴巴地看着别的小朋友背着书包去上学。此时的她，最大的愿望就是能有一个书包，然后和其他孩子一起去上学。但她有一位心灵手巧的好妈妈，用几件破旧的衣服拆拆补补，竟连夜赶制出了一个花布书包。第二天，她也如愿以偿地背上"新书包"走进了学校。在那个只有几间简陋的砖瓦房的学校里，她懂得了知识改变命运的道理，从此更加努力刻苦了。

光阴似箭一般过得飞快，转眼便到了升学的年龄。而她却不幸以两分之差与市重点中学擦肩而过。但她并没有气馁，反而比小学时更加努力。因为她坚信：只要自己努力学习，无论在哪儿都能考上好大学。也正是因为这样，她遇到了人生中对她影响最大的人。最初，她学得不是很好，偶尔也会气馁，甚至想过放弃。就在这时，老师如天使般降临在她的身边，一直鼓励她、支持她。慢慢地，她的学习步上了正轨、成绩也越来越好，每次考试都是年级前三名。学习上的成功使她摆脱了家庭背景带来的自卑，取而代之的是那满满的自信，变得阳光开朗。

若将人生比作航海，那么自身的努力就是推舟前进的动力，而他人的教导就是那茫茫黑夜中指引方向的明灯。那位老师便是她人生中的指向灯。老师曾经给她讲过一个"游向太阳的金鱼"的故事，故事中的金鱼因为天寒地冻担心会死亡，所以一直游向太阳。即使在黑夜，它也没有放弃心中的太阳，最终迎来了温暖的黎明。

故事虽简短，其寓意却精练而深刻：不放弃希望，坚持不懈，勇往直前就能成功。

在老师的帮助下，她进步很快，成绩一直名列前茅。而她的心中也有一个目标，那就是——考上大学，实现鲤鱼跳"农"门的梦想，于是便不断努力并朝着它前进。连复习资料都没钱买的她就经常借同学的抄，即使手疼得握不紧笔也不曾放弃。

老天不负有心人，她以300分的好成绩被重点高中录取，成了村里第一个考上省重点的女孩子。同村人终于不再挖苦她的父母，反而投来羡慕而又微带着些许敬佩的目光。她的父母从此更加拼命去赚钱，并将全部希望寄托在她身上。

经过多年的努力，她已不再是那个带着空瓶子走在路上的人，她的瓶子已然装了许多珍贵的东西，如知识、信念。

她的认真与努力使她很快在学校创办的实验班里站稳了脚跟。每天重复着三点一线的生活，埋头写作业，然后循环往复地做题、考试、再做题、再考试，就这样过了两年。终于，那段最紧张而又最珍贵的岁月到来了，每天在题山题海中奋战的她经常废寝忘食。漫天飞舞的试卷，铺天盖地的练习让她目不暇接。于是她成了班上第一个进教室和最后一个离开教室的人，风雨无阻。

曾经有许多同学问她："是什么让你有那么大的毅力坚持下来的？"她说："放弃与坚持只不过一念之间，而忍得住寂寞，才能看见繁华。"她深深地相信，多年之后的那个自己，一定会感谢现在拼命努力的自己。

朝着心中那个目标不懈努力的她终于梦想成真，她考上了一所名牌大学。成为全村第一个大学生的她是父母的骄傲，那张滚烫镶金的录取通知书是对她多年努力的肯定。她终于做到了，终于成了自己人生的导演。由此可见，人虽然不能选择自己的出身，但通过自己的努力同样可以成功。

世上成功的路有千千万，不同的人抑或有不同的道路。成功与否，不在于选择了什么道路，而在于一旦选择了自己的道路，就该风雨兼程，不要彷徨，不要犹豫。只有坚定地走下去才能成功，才能书写自己的辉煌人生。

其实，漂亮不漂亮无所谓，我总是觉得，一个女孩儿能对任何事情都有一个不焦不躁平淡的态度和一颗耐得住寂寞的心，本身就是一种太具吸引力的气质和一种骨子里的力量。

年轻时最烦每日积累，单调无趣，进步慢，就不耐烦。一遇瓶颈期，每天练就是进步不明显，这时最容易放弃。事业低潮期，每天就是干杂事，很辛苦但无成就感。这时最容易发脾气。熬，最容易半途而废，但熬过了就顺利了。克服厌倦感是进步的基础。"三日不弹，手生荆棘。"想清楚再熬住。

世界上最大的浪费就是半途而废

春天的时候，有一个读者给我留言，大概的意思是：

"我是一个大学生，一直在追看你的文章。受了你的鼓励，现在我也开了公众号，我都坚持43天了，可是写出来的文章，完全没有人关注。

"我觉得我的人生总是失败，大学这几年里，无论做什么都没有成绩。我觉得非常苦恼，原来我的人生根本就是个错误。"

谁没有年轻的迷茫？透过屏幕，我读到了她的焦虑。

我们加了微信，我让她把公众号发给我看看。公众号上，一共就十几篇文章，被点击最多的那篇是写自己失恋的文章，伤了心动了情，用了心思，有两百多的点击率。

我花了一个小时，给她讲我自己总结出来的公众号运营方式。

最后我说："虽然公众号是一个见效很快的行业，但是再快也要有一个积累的过程。任何事情，都要先有量再有质。当务之急，你要先积累内容，有了优质的内容，再考虑运营的事宜。"

她开心地说："你说得太有道理了，我这就回去努力写，谢谢你。"

讲完了微信，我眯着眼睛煮了一壶菊花茶，说了太多话，口太干，可是能帮到别人的感觉非常美，真不枉花了我一小时的人生。

过了两个星期，她又找我。有一篇文章要开白名单。我问她："你不写原创了吗？"

她说："我觉得我目前的人生经验还浅，文笔也还需要锤炼。我先开始转载一些我喜欢的文章，再慢慢锤炼。"

人生最难得的就是自知之明，难得她这么年轻就这么剔透。我给她开了白名单，并鼓励她说："优质的内容才是能让你最终区别于别人的特质，写下去，不要放弃。"

她给我发了一串很可爱的表情说："每次和你聊天，都收获甚多。我去努力。"

又过了一个月，她在微信上说："你接受付费推广吗？我想请你推一下我的号。"

我去翻了一下她的号。除了转载，自己新写的文章不超过五篇，而且有两篇文章很明显虎头蛇尾，草草了结。

于是我说："按照你现在公众号的情况，就算别人加了关注，翻一翻也会取消关注啊。你出钱推，钱不是白付了吗？"

她说："我研究了微博微信等诸多新媒体的运营方式，发现最重要的是要有第一批'原始粉丝'。这就像是滚雪球，只要有最初的那个小球，就会很容易滚成大球的。我现在需要的就只是这个小球。"

她又说，她马上就毕业了，她可不想用自己的剩余价值去养肥别人。今年是自媒体最火爆的一年，也是最后一班车，再跳不上去，就赶不上了。

"我的目标也不太大，只要能做到粉丝10万。然后就可以发广告，做团购，开培训。天下有那么多有趣的事情可以赚钱，我不想被困在一个办公室里面，看老板难看的脸。现在的年轻人不比从前。小时候，父母那些天文地理、奥数逻辑的兴趣班不能白交钱。"她说得情绪激昂，头头是道，连我都热血沸腾地在拼命地计算。"那么，我应该把我的号做到多少万？"她接着说。

可是我总觉得哪个地方有点不对劲儿，不过我也说不上来。

我们说了半天，但是我还是拒绝了她付费推广的要求。道义让我自律，我不能昧着良心拿别人父母的血汗钱。

她挂电话，不太高兴。过了几天，我在朋友圈里看到她分享了大号推荐她的链接。也许我错了，有志者事竟成吧，我本来没有资格判断。

中间有几个月，日子一串一串地流下来，我忙得无法喘息。

上星期我突然收到了一条她的群发消息："请给我朋友圈的第一条消息点赞并评论。"我去看了看，是一个化妆品的广告。

她显然开始做起了微商，一天发几条，每条9张图，全是没有辨识率的锥子网红脸在翘首弄姿地推销化妆品的照片。我想起了她的公众号，去翻一下，从初秋，就没有再更新了。

在人情薄如水的今天，微商真的是个辛苦的行业，一言不合就得打脸。

我只能遥祝她：小姑娘，愿你在你的人生道路上一切顺利，越走越远。

张爱玲说了一句"出名要趁早"，戳中了不少人的痛点。

这是一个疯狂的时代，一切都变化太快。人心浮躁到极点，急功近利，不再有耐心等待，人人都恨不得在屁股上绑个火箭，"嗖"一下子就上天。

一篇文章就可以涨粉20万；一个公众号风投可以拿500万元；一间鸽子笼，就能卖1000万元，这架势，不出几年，人民币一定要赶超越南盾啊，要用亿来计算！

我们活在个人英雄主义的时代，每个人都焦虑无比。我们总是听到别人赚了多少多少亿，我们总觉得低头会错过一个亿。

我们焦虑，我们紧张，我们亢奋，我们恐惧，我们急火攻心，我们眼高手低。

一个有情怀、有梦想、脚踏实地的男生，是这样计划他的人生的：

大学毕业，进公司，月薪3000；六月跳槽，月薪6000；九月再跳，月薪一万。

接下来的日子，跳槽升职，升职跳槽，25岁，就可以在知名上市大公司月薪3万；30岁进入管理层，年薪百万。32岁辞职创业，风投闻讯而来，挤破头给他塞钱。几轮融资之后，公司在3年内在美国和香港分别上市，35岁穿着阿玛尼的定制西装，开着私人飞机去华尔街敲钟……

他的至理名言就是：世界上最金贵的是时间。美金掉地上都不能捡，因为我弯腰的时间，要比掉的美金值钱……

等一下，打住！这不是李嘉诚吗？可他都90岁了！

是的，李嘉诚目前达到的人生高度是比较理想的，遗憾的是，如果他能提早30年……

读到这里你别笑，这可不是梦。这是梦想，这么有梦想的年轻人，这里乌泱乌泱挤了一大片。

那些从小被鼓励、追捧大的孩子，总要撞得头破血流之后才会明白：原来心想事成并不是理所当然的常态，原来很多的时候，明明努力了，可终究还是要放弃。

人生犹如一个沙漏，从生下来的那一分钟，沙漏倒置，计时开始。

所以说人生最珍贵的不是钱，而是时间。钱花掉了之后，还可以成千上万地赚回来，但是时间不会。

我们每个人都只有一次不可往返的人生，如何花掉自己的人生才是我们真正要考虑的重要问题。

每个人的道路无法复制，每个人的成功也不能比较。与其花时间盲目地去学习别人、模仿别人，不如花一点时间给自己。

慢慢地把心安静下来，找到一件自己想做的事情，准备好之后再开始，一旦开始，就做下去，不要放弃。

要知道，在这个世界上最大的浪费就是半途而废。

想要输尽你的人生，那就请事事前功尽弃，这可是条箴言捷径，可以谨记。

今天所有的成就都不是本来应该得到的。决定是成功的起点，坚持是成功的终点。做任何事情，都需要坚持，你还没有看到终点，或者你马上就要到达终点，却半途而废，那么你的梦想只会离你越来越远。如果坚持并努力，下一个成功者就是你。

人生没有对错，只有选择后的坚持，不后悔，走下去，就是对的。走着走着，花就开了。人生靠的不是时间，靠的是珍惜。抱最大希望，尽最大努力，做最坏打算，持最好心态。记住该记住的，忘记该忘记的，改变能改变的，接受成事实的。太阳总是新的，每天都是美好的日子。

正因一无所有，所以百折不挠

再次见到她，是在分别了二十多年后的昨天。一头蓬松的卷发，一双眯起来就成月牙的笑眼，盈盈地望着我，笃定得让我发怵。微显迟疑，我还是一拳递了过去，半真半假地嗔怒："你这臭妮子，这么多年跑哪儿去了？害得我们找得好苦啊！"

张开双臂，我们紧紧拥抱在一起，一瞬间，眼睛湿润了，心灵如羽绒般柔软，欣悦轻轻地拂过，像迎风飘扬的花信子，泛起无数沉睡的记忆，细腻流转，汩汩心泉涟漪不息。青春的印记，闪烁而迷离。

岁月弄人，二十多年前，她的离开就像是一个谜团，缭绕在我的梦冢间。年少的我无暇顾及许多，投身在高考复习的千军万马中，那时只有一个信念，就是要闯过独木桥，就是不要掉到河里面。

当尘埃落定，再回首，只是风的叹息，只是雨的悲鸣；只是恍惚的记忆深处屡屡重现的是常常帮我洗衣服，常常嘴角微翘、露出一排整齐的牙齿的小姑娘的甜甜笑意，却没有一丝一毫她的音讯。直到分别5年后的夏季，一封带着欣喜和万千思念的信悄然而至，她把信寄到了我的老家。闻讯的我迫不及待地回到家里，第一时间把信读完后，莫名的焦虑更是油然而生。感叹世事无常，人生乖戾。

她说："当年我是带着一腔美好离开的，家里有一个亲戚在拉萨军区，我没想那么多，只是想着要去参加高考，带走了高中所有的书籍包括复习资料。没想到高考没能参加，而是参了军。"在那个平均海拔4500米、氧气稀缺的地方，在那个气候严寒常年少雨干旱的地方，在那个昼夜温差极大偏多风沙的地方，在那个紫外线杀伤力极强的地方，在那个物资极度匮乏做饭只能靠烧牛粪的地方，我不能想象如此柔弱的她是怎么生活的。我充满着好奇，充满着忧虑。

她却告诉我，她很好，没有不适应的状况，并在当年参加了高考，分数已出来，会被录取，但尚不知道会是哪个学校，到新学年再联系。

此后，杳无音信。那是一条没有风帆的小船，在茫茫的大海上，茫茫然地漂……

时光飞逝，曾独自渴望某年某月的某一天，重见到那张熟悉的脸，于是剪一缕温润的阳光，祈愿远在天涯的她，快乐平安。更感谢那些沉淀在心房的永久的牵念，是它们发出的磁场冥冥之中感动了神明，感动了点点星辰，才得以有今天的重逢。而心底的潜意识，仍然是那么亲，那么近，有那么多自然的共鸣流露在淡然的浅笑里。只是在我心里总是觉得在她浑身笃定的气场里面，一定有着惊人的故事。

多年不见的同学相见的场面，想必很多人都经历过，全场的女生，无拘无束随情随性。由于多年不见，她自然成了全场关注的对象。而我一直没有跟她单独说话的机会，便随着众人来到了歌厅。歌厅里我是永远沉默的听众，间或充当一下啦啦队员的角色。

而她却熟稔地点了我们这个年龄段诸多熟悉的歌曲，然后开始以极闲散的姿势，近乎忘情地欣赏起每个人的歌喉和唱姿。这时的她，神情显然和这个空间的热闹有明显的疏离感，像一潭秋水，波光流转间，将人波动的心弦平了下去。也许是心不在焉吧！让人感觉竟是一种恍若隔世的静。

在大伙的鼓动下，终于，她拿起话筒，专注地唱起了那首《远情》："尘缘苦短，叹人间路长，不能够容我细思量，繁华瞬间，如梦幻一场，世上人有几番空忙……"歌声婉转，全情投入下，她在光影里摇曳生姿。而我分明感到有泪花从她的眼睛里慢慢浮上来，有雾气从我的心底浮上来，漫卷过来。那是一种发自内心的呐喊，将心撕裂成碎片。生动的歌意将满蓄的心事铺陈，将沉淀的往事勾起；或者从未离开过，相伴着坚强，相伴着迷茫。

掌声、喝彩声和啦啦工具的助威声，都掩饰不住那些经历。她一定是在杳无音讯的时段里，走过一条和别人不一样的路，虽然我不敢说她一定是看到了和别人不一样的风景，但我明白，她至少拥有了一个和别人不一样的人生。因为她对生活的感悟如此厚重。

曲终人散尽。刹那浮华最容易令人感动，而冷却下来的心绪，也更容易去眷恋埋葬在心底的梦境。我接她回家，促膝长谈。

她用极平静的声调向我讲述着她的故事，静得如水，一潭不起涟漪的死水。没有笑没有泪，平和得像是在述说着一个跟她毫不相干的事件。两个多小时，悠悠的，似水流淌而过。我静静地聆听，眼泪不住地在眼圈打转。不忍打断，无从说起。

是的，少年离家梦想破灭；中年感情背叛及至丢弃工作，对于一个独在异乡的女子，每一件事都是地冻天寒。

她说："大学梦破灭了，我悲愤，苦闷，又不甘心。暗自跟自己较劲，一定要走出去，就在几年后参加了高考，被录取到北京的一所大学，毕业后仍回到那儿去。我得回去，为了感恩。"她木然略显无奈地说：

"有时候感恩会变成一件沉重的事情。"

接着是结婚，丈夫是福建人，退伍军人，退伍后在家乡打拼。两地分居，为了能在家多待些时间，就攒探亲假，两年才回去一次，孩子见了都怯怯的，陌生。看到孩子躲闪的眼神，心酸，两个月刚刚混熟，就要走了。每次离别内心都是苍凉，若虫噬心。

孩子渐渐长大，丈夫的事业略有起色时，感情也变味了。为了挽救家庭，留住婚姻，她毅然放弃了有18年工龄的公务员工作，回到家里。一年多的时间，一直奔波在拯救婚姻的路上。那时的她像祥林嫂一样，见人就倾诉，搬出了所有要好的、认识的朋友、亲人、客户、相关联的人做说客；甚至求助妇联、街道办等等。每天都是倾诉，倾诉。口干舌燥，浑身精疲力竭，也于事无补，最后离吧！还是离了。"真的离了，反长出了一口气，觉得轻松了好多。人挣扎在感情的旋涡时，戴的是一身枷锁，全部蜕掉了，倒身轻似燕。"

但是一切都没了，所有的一切都空了，归零。工作，家庭，孩子……站在那个熟悉而又陌生的地方，觉得自己真像个孤魂野鬼。心一片片地碎裂，凄冷，无助。三十大几的人了，第一次深切感受到什么是欲哭无泪。

当时就想，还有什么比现在更坏更糟的呢！再坏还能坏到什么地步呢？得静下来。静下来问问自己的心，到底还想干点什么，还会干点什么？丢了那么多，不能再把自己给丢了。

早年从事过一段时间培训教育。当看到一则快速记忆培训的信息时，思虑再三，决定远赴广州学习，从零开始。快速记忆，首先是对自己记忆能力的一个提高，利己；再者，从事培训教育，传播优秀文化，利民，可以永久作为进行到底的事业来做。

甩掉了一切，给自己一个全新的开始。这时才发现，一无所有的感觉竟然也是幸福的。每天会有幸运降临，每天都会有惊喜光顾。尤其是那些意想不到的东西竟不期而至。每天都是全新的，每个日子都是灿烂的。

当她的叙述接近尾声时，我发现她竟是满目含笑。她掏出手机给我翻阅，她的手机里储存着大量的培训实景照片，总裁班实景培训现场，和多期学员的合影，大型慈善活动募捐现场，在诸多国家的培训现场。她创建了一家培训机构。她说，她要用5个国家的语言，去诠释她的教育理念。这是她最新的梦想。

她的感悟：

人活着是要有点精气神的，而我的精气神就是执着——百折不断、百摔不烂的执着。

一个人最好的样子就是"平静"。哪怕一个人穿越一个又一个城市，仰望一片又一片天空，见证一次又一次的悲欢离合，你都会发现，只有平静才能让你感到幸福和满足，才能发现生活中细微的感动。

一个人不能缺少梦想，有梦才会有激情，有激情才会演绎与众不同的人生。

当感情走的时候，一切祈求和挽留的举动，都是对这段感情举行的葬礼。你越是祈求，它走得越快。所以当感情濒危时，要学会优雅地转身。

有些路，走下去，会很苦很累，但是不走，会后悔。没有哪件事，不动手就可以实现。只有坚持这阵子，才不会辛苦一辈子。最终你期待什么就能拥有什么。因为世界上最可怕的两个词，一个叫执着，一个叫认真。认真的人改变自己，执着的人改变命运。

勇敢是：

当你还未开始就已知道自己会输，

可你依然要去做，

而且无论如何都要把它坚持到底。

勇敢地前进，总能遇见更好的自己

[01]

经过观察，我发现那些没有弄明白自己追求的人，往往比那些朝着目标坚定前进的人更容易感到疲惫。后者往往是一天工作12个小时都少有抱怨，前者却一事无成，于是感叹生活不易，前路艰难。

我想这大概是因为，他们没有选择自己真正想走的路，才会特别容易觉得"不值得"。

年轻的时候往往太浮夸，总想把自己所有擅长的事情都做一遍，好让别人都知道。

慢慢长大后却发现，即使一件事你做到了满分，也未必是你想要的；而喜欢的事情你只做到80分，也会充满了快乐。

爱情、梦想，都是太感性的东西，没法用回报来衡量。

但最后的最后，往往也正是这些义无反顾的勇气，才为我们带来了最好的惊喜。

所以，在你出发前，请挑个你最想到达的目的地吧——就像选择恋人那样忠贞坚决。

唯有义无反顾，才能一往无前。

[02]

无论胸怀多少壮阔的梦想，最终都要落实到每一步的努力上。

可是努力谈何容易？

是人便会有惰性，这种惰性往往体现在一切温柔的情怀上：

早晨离不开被窝，行动时迈不动脚步，该有所作为时施展不开拳脚。

你可以被惰性困住一下子，甚至一阵子，但绝不能被困住太久。

太久都叫不醒你的，一定不是真正的梦想。

我的书桌上曾经贴着一句话：

"你总幻想自己会做一番大事，让所有人跌破眼镜，可事实是你连早点起床都做不到。"

那是我最颓废的时候写给自己的，想要起点积极的警示作用。

可等后来，真的弄明白了想要为之努力的梦想，却不用任何话语激励，拼起来谁都叫停不了，有事儿惦记着，睡觉都睡得不爽。

最努力看书、写文章的时候，每天都在没完没了地阅读和输入文字，几乎连续一个月没有充足的时间保证吃饭和睡眠。

周围有朋友劝我："为什么要这么着急？我们还年轻。"

可是我没有办法停止。

我害怕我不够努力的话，梦想就会每一天离我远一点。我害怕盖着被子蒙头睡了一夜，我的灵感就会少一些。

我不敢停止，更不想停止。

因为我知道，我幸运地走在一条正确的路上。

[03]

这样停不下来的例子还有太多。

我认识一个男生，高中时候成绩不错，结果高考失利，去了一个三本学校。

他浑浑噩噩地过了3年多，突然意识到自己不能过得这样浑浑噩噩，便一刻不停地、迫切地想证明自己优秀给别人看。

他选择了一所名校的顶尖专业考研——跨学校又跨专业。大家都说难度太大，没想到，他却像打了鸡血一样只知道往前拼。

一开始因太久没学习不习惯，他总觉得坐不住，本能地想站起来走到教室外面透透气。

他一咬牙，索性在学校后面的工地上偷偷拿了四块砖头，绑在自己的鞋带两边，想从桌子旁站起来都抬不起脚。

还有一个学姐，机械系出身，毕业后却找了一份梦寐以求的咨询工作。

刚进公司什么都不懂，跟客户聊几句就卡住，每个细小的事情都急着问同事，以至于人家都觉得烦，懒得为她解释。

于是她每天把自己遇见的问题都记下来，晚上回到自己狭小的出租屋里，翻着买来的书，开着电脑，一个个找答案，时常弄到三四点，早上7点钟又准时去上班。

就这样神奇地度过了惨不忍睹的3个月，她奇迹般地搞定了一单重要的生意，在公司里也迅速站稳了脚跟。

那些在你看来毫不费力却优秀无比的人，其实没有一个不是非常努力。

好在每一段不为人知的辛酸过后，都会收获意想不到的惊喜。

当你真正渴望到达一个地方的时候，你会开始拼命换算努力同幸福的转换，根本没有时间思考其他。

"青春为什么这么短暂？"

这往往是我在赖床时抱着被子嚷嚷的话。

"所以才要更加努力，赶快做完必须做的事，然后去做自己真正想做的事情呀！"

这是我起床开始新的一天时，自己给自己的回答。

[04]

生命中需要那么一种纯粹的勇敢，去灌溉你心里最美的那朵玫瑰花。

不断向前奔跑的努力，听上去或许很辛苦，可等到你真正找到了这种勇敢，你只会觉得这种持续的努力是种莫大的快乐，甚至幸运。

我们会觉得焦灼痛苦，往往是因为我们追求的是"比别人更好"，而不是"比昨天的自己"更好。

就算生活有快乐也有失落，但只要有所收获，便是值得庆贺的。

只要一直在前进，你就会在崭新的每一刻里，不断发现自己更加精彩的瞬间。

曾经的你在远方，最好的你在路上。

只要你愿意，并且为之坚持，总有一天，你会活成自己喜欢的那个模样。

不怕你爱好丰富，就怕你总在挖坑，又填不满。不怕你经历波折，就怕你总走弯路，忘记初心。不怕你迟钝不悟，就怕你总在说你曲线救国，最后，国也灭了，心也亡了。

治愈迷茫最有效的方式，就是坚持走下去

10年后，我终于接受了"两点之间直线最短"这个俗到家的道理。

还记得第一次在课堂上听数学老师讲到这里，正在埋头看小说的我，忍不住心底那丝小叛逆，低头悄悄和同桌说："不对！他说得不对。"一张白纸之上，跃然着无数种可能，两点之间除了平淡乏味的直线总还有更多新奇冒险的捷径有待探索。何况，这个世界上有那么多未知的地方，奇妙的选项，别处的月光，我们为什么非要死循着一片海的方向，去追逐那些看起来差不多模样的海浪？

我不想过那样的生活，不想日复一日，更不想在所谓的两点之间遗失个性。

比起抵达终点，我更想彻底享受过程。

所以在青春期最宝贵的时间里，我花费大量时间去读闲书，交朋友，四处晃悠，在各种爱好里寻找安慰。我学过跳舞，但只是皮毛，用来回忆

说笑。我学过画画，但总计没超过3个月，最终画出的懒羊羊常被人误以为是灰太狼。我走过一些地方，但还没能在旅行中重视自己，就一股脑被扔到生活的暴晒下苟延残喘。我尝试在每种不同的生活方式里播种自己的心愿，可仅仅只是播种而已，之后的浇水、施肥、修剪都被我很快抛诸脑后，再不惦记。

上大学那年，我开始在杂志上写稿，当时和同在作者QQ群里的朋友L关系甚密。我们聊起梦想，谈起对未来的规划，我惊讶地发现，她竟然连最近5年的人生目标都已设定：去美国做交换生，每两年出一本书，在28岁之前争取拿下属于自己的电影版权。

"你呢？"

"我……我还不知道呢，走一步看一步吧。"

认知心理学中有一个著名的现象，叫作"证实性偏见"，即过于关注支持自己决策的信息，从而盲目认为，其他任何与之相悖的观点都是不可取的。对我来说，"坚持"及"专心致志"这两个词就是那种戴着虚伪面具的悖论。对于生活，我向来都是这种随遇而安的态度。没有太大企图心，就算把时间都浪费在觉得快乐的事物上都不觉得可惜，懒惰、拖延，朝三暮四开头，乱七八糟结尾，这些是常有的事。虽然偶尔会觉得这样做效率低进步慢，但转念想想，即使慢悠悠地走曲线也能收获其他空间里不同的美好风景，也就继而允许自己任性放肆了。

L和我恰恰截然相反。

在这个浮躁的时代，坚持是一种稀缺资源。在她的世界里，没有三天打鱼两天晒网的松散，没有觉得艰难就轻易放弃的退缩，她对自己很严苛，下定决心要实现的目标，即便路途如何波折也必须完成。我认识她的那年，她在中国台湾读大学，中文系，平日里结课后还会到附近的咖啡馆里做义工，一边端着盘子听客人眉飞色舞侃大山，一面耐心记下那些桥段，等夜里回去再加工成有血有肉的短篇故事。好多次，在她的文字里，我都能感受到那些来自不同灵魂幻化出的情愫蝴蝶，扑通扑通，就飞进了人心里。

那些超出她实际年龄的巧妙构思，每一个角色，都像有自己的生命般顺势而活，全然像披着文字袈裟的泅渡者。

后来听她说，那些有趣的、光凭着大脑想不出来的情节，都是源自她每天下课后的义工生活。除却寒暑假，她大概坚持了8个月，文笔和脑洞在那段时间里迅速拔高一个层次，由内而外生长的新鲜感，令她自己都觉得惊喜。

胡适说，生命本没有意义，你要能给它什么意义，它就有什么意义。与其终日冥想人生有何意义，不如试用此生做点有意义的事。

2012年12月31日，她给我留言，过了今天，她就要开始新生活了。

我才得知，原来在我浑浑噩噩窝在宿舍里看韩剧、刷淘宝的间隙，L一心扑在雅思复习上，最终以7.0的成绩被学校保送过去做交换生。如今想来，如果2012真有世界末日，那我们的结局也不能同日而语，想必她会在欣喜中安然迎接轮回，而我却要因为充满遗憾、不甘和对那些未曾达到的梦想喊冤报屈而变成孤魂野鬼，黯然飘荡于人世。

L去美国之后，我们的联系就很少了。

她继续忙着学习，我继续忙着刷剧。我们的日常慢慢变得只能通过微博或朋友圈的形式来关心对方，彼此之间唯一的共通点，只剩下写字。不同的是，她日日都会在晚上休息前伏案书写，无论字数多少，就算是以练笔为目的，她也会泡杯热茶坐在那里任凭手指在键盘上翩然起舞。而我呢，每日泡在零食堆里，面对着空白的Word文档瞬间退回到小学生做作业的拖延心理，恨不得蒙头睡下，有个神奇的哆啦A梦会帮我把脑中所想，直接以最华美的篇章铺陈在电脑上。

尽管如此，我还是不断以转移视线来安慰自己，瞧，你也不是没有努力呦。

我去学化妆，在大家有模有样跟着老师给对方描眉的时候，我在一旁偷吃桌上的马卡龙。我去学播音，跟着舍友跑到教学楼下练习发声，早起了几天便发誓再也不背那讨厌的绕口令了。我去学摄影，背着相机终于找到片风景优美、杂人又少的地方，却开始抱怨相机太重，压得我脖子酸痛。周而复始，恶性循环，从15岁到20岁中间，我像一个从来都没有长大的小孩，总是心血来潮，总是很快厌倦。

好在尽管有些慢，但在写字这件事情上，我仍以最不争气的方式坚持了下来。

而这种坚持，自然无法与L的节奏相比。

不日前凌晨，她突然在微信上和我说：她的长篇小说终于要搬上大荧幕了。那一刻，我仿佛看到很多年前，一个表情倔强的女孩坐在咖啡厅里，看着窗外人来人往 '手指忽上忽下，敲出了关于未来的所有蓝图。

不同年龄阶段，有不同的处世哲学，没有对与错，只有适合和不适合。

我是真的替她开心，也替我自己庆幸。尽管在追逐梦想的道路上，我也曾犹豫不决，但终究还是坚持走回了正轨。

中国台湾某品牌有句广告文案说得很妙：人生的每一种不甘，都将成为回甘。我非常庆幸在这后青春时代里，身边有这样一个朋友用亲身经历，证明两点之间直线最短的真实含义，可能并不是年少时我所理解的固守死板，也不是老师们口中斩钉截铁通往目的地的唯一方式，而是指出潜伏在时间里的最佳捷径——坚持。以最简单的方式冲下去，就可以抵达。

现在有很多年轻人都在寻找所谓的逆袭宝典。其实，治愈迷茫最有效的方式就是：坚持走下去，直到触开和自己灵魂相契的那扇门。

你努力了，尽力了，才有资格说自己的运气不好。无论你是谁，无论你正在经历什么，坚持住，你定会看见最坚强的自己。

CHAPTER 02

每一个梦想，
都是你坚持的动力

坚持你们的梦想，

迎接超越自己、创造新我的挑战。

只有超越自我，你才能发掘你自己，

关心那些你本不必操心的事情。

投身于这个世界，

使你说的话变得有价值，有影响力。

现在的一切都是为将来的梦想编织翅膀，

让梦想在现实中展翅高飞。

一开始，我们可以把梦想碎片化，从改变自己做起，一点一滴地去实践；站在起点看终点，很遥远，但走着走着就会发现，离终点很近了，梦想触手可及。

梦想从改变自我开始变得触手可及

6年前认识马克，源于一场户外爬山活动。他是组织者，带领着一帮城市的宅男宅女，涉足户外，于是我们亲切地称他为"队长"。

他40出头，黝黑、健硕、寡言，逻辑思维清晰，组织能力过人。

只见他碎步疾风，健步如飞，大步从容，三下五除二就走到人群前面，总是不停地休憩等我们。

这个武林高手想必锻炼多时，非常人所能及。

一打听，他憨笑："你相信两年前，我第一次爬水濂山，仅仅海拔378米、3.5公里步程的小山，我竟然用了整整80分钟吗？而且汗流浃背，累得气喘如牛。"

这似乎不可思议，短短两年时间，他成了一名运动健将。

现在短短13分钟左右他就可以登顶水濂山，而且记录还不断被自己刷新。

这是一个有故事的男人，我开始对他背后发生的种种产生兴趣。

那是一个悲剧的起源，也是一个新生活的开端：

两年以前，马克与大多数人一样，工作加班赚钱养家，工作加班赚钱养家……

这是一条循环线，没有终点……

挺戏剧性的是，上天给他划了一个"终点"。

体检时他很不幸地被查出"肝硬化严重"。

晴天霹雳！！！

一个40岁的生命，一个处于生命黄金期的中年，一个峥嵘的人生，难道就此戛然而止吗？

马克整个人蒙了，巨大的恐惧，伴随着精神被"秒杀"，让他彻夜难眠。

他开始漫无边际地想，如果自己走了，身边的人可怎么办呢？

家人、客户、朋友、员工……

如果生命重来，我自己会怎么选择？

当然，侥幸心理告诉他：也许，有可能是误诊呢？

为了验证自己的猜测，他去了好几家医院检查，结果让他热血沸腾：数据都显示正常，只是转氨酶奇高而已。

他狂喜不已，约了三五知己，一口气登到了山顶，大声呐喊："我没事了！我没事了！！！"

"死而复生"的马克，自此，显现了一个新的生命状态。

他开始每周运动，有时跑步，有时爬山，有时健身……

本没想到要陪伴，只要自己还健在，一个人也要坚持。

但没想到，慢慢地，两个，三个，四个……接着跟着一群人都来了。

似乎，没有人能拒绝健康的生活方式。

马克坦然："至今为止，影响周边上百人了。带给别人健康快乐是我的社会价值……另外，运动是一种意识和态度，与平时所谓的'工作忙'

没太大关系。只是运动时间可长可短，或自由，或受一定限制，仅此区别而已。最关键的是有无运动的意识和态度，及坚持的品质……而运动的人是快乐的。快乐运动，运动快乐；运动健康，健康运动。"

如果只定义马克是个运动爱好者，那对他的了解只是冰山一角。

他的真正角色是"梦想践行者"。

运动只是他梦想自由生活的一部分。

梦想可谓人人都有，但大部分人的梦想是挂在天花板上，或是半空中，遥不可及。

回想我们小时候的梦想，或科学家，或省长，或校长……

今天能实现的有几个呢？

让我们重温一下英国教堂里那段感人的文字：

当我年轻的时候，我梦想改变这个世界；当我成熟以后，我发现我不能够改变这个世界，于是我把目光缩短了些，决定只改变我的国家；当我进入暮年以后，我发现我不能够改变我的国家，我的最后愿望仅仅是改变一下我的家庭；但是，这也不可能。

现在当我躺在床上，行将就木时，我突然意识到，如果一开始我仅仅去改变我自己，然后，我可能会改变我的家庭；在家人的帮助和鼓励下，我可能会为国家做一些事情；然后，谁知道呢？我甚至可能会改变这个世界。

上面这段话刻在英国最古老的建筑物威斯敏斯特教堂旁边的一块墓碑上。

马克很喜欢引用这段话，也以此来告诫自己。

世界再大，要从我做起。

先改变自己，才有机会改变世界。

他说自己有3个大梦想：

第一，就是让自己的家族成为"书香门第"。这是最大的一个梦想。

第二，按自己喜欢的方式从事自己喜欢的事业，过自由的生活。

第三，实践并记录普通人追梦的过程；如到老去前能实践成功，把自己的经验分享出去，惠及世人。

第一个梦想，关于书香门第。马克说，曾查过族谱，祖辈没有一个秀才或状元。他是不可能做书香的后代了，那就决心做贵族的祖先吧。

这个梦想源于童年。

马克出身贫寒，四个姐，一个妹，是家中的独子。

为了好好培养自己，身为农民的父母竭尽全力，呕心沥血，只望儿子通过读书可以改变命运。

从小天资聪颖的马克也不负所望，从小学到大学，一路成绩优异。

他也深谙"外出读书，做最好最努力的自己，不让父母担心，就是最大的尽孝"。

更重要的是他酷爱读书。从武侠、言情到名著，从行记、小说到诗歌，无所不涉。

初中就曾设定目标：高三前要读完100本世界名著，获得气质与优雅。当时组织成立自由读书会，还跟同班的才女比赛。设定目标，互相竞争，疯狂读书。渐渐马克养成了读书的好习惯。

不光爱读书，马克也爱思考与写作，记录人生的点点滴滴。关于生活、工作、家庭的文字，马克历时二十多年，洋洋洒洒写了上百万字。

马克"书香门第"梦想的实践者和受益人是女儿格格。

从女儿出生的第一天开始，马克就用文字记录女儿的成长，并命名为《格格成长记录》。

截至2013年，总计已有45万字，准备等女儿成年独立后，把这本记录本送给她作为礼物。

马克和夫人非常注重家教，他希望通过耐心的陪伴、日常的指导和参加各类文艺活动，在努力保持女儿童真的同时，又让她心理健康，内外兼修。

而今亭亭玉立的女儿，众望所归，才艺双全。英语口语大赛、琵琶比赛、书画比赛、钢琴比赛等等，几乎无一不获奖。

女儿还是优秀班干部、三好学生、好人舍长等等。

马克感叹道："在这至少10年的陪伴中，我把我个人认为的最重要的价值观和人生态度在日常生活学习中潜移默化地影响或告诉给了英格。所谓'润物细无声'，英格的各种品质也相应逐步呈现，优秀的、不足的，还有不成熟的，都真实存在。"

看来这"书香门第"之路也走得越来越顺了。

马克的第二个梦想，在他放弃了教师这个稳定工作的那一刻开始，就义无反顾了。

从事自己喜欢的事业，从而过上自由的生活，也许是每个人的梦想。

正如匈牙利诗人裴多菲所说："生命诚可贵，爱情价更高。若为自由故，两者皆可抛。"

自由是我们一生的追求，但不是每个人都有勇气与能力拥有它。

马克原来是一名光荣的人民教师，但他为了追求自由，辞去所谓的"铁饭碗"，毅然下海经商，并以自己女儿的名字给公司命名。

他将用自己主要的人生阶段写就一段历史给女儿，并给女儿的未来做参考。这一切是基于亲人真爱的延伸、生存职业的考量和人生道路的选择。

自由是需要付出代价的，商场如战场，商道如兵法。

失败挫折乃兵家常事，如张瑞敏所说："做生意是很寂寞的，因为失败的事情总是很多，意外发生的情况也不少，所以先把可以掌控的事情做好，然后再把突发的事情处理掉。"

马克在这个复杂的商场上跌打滚爬十余载，始终坚持"三个正确"——和正确的人，做正确的事，去做正确的产品给尊贵的客户。

因为严谨的工作态度、正确的处事方式，马克认为自己相对很多人来说，还是幸运的，也是自由的。而且他毫不谦虚地承认"我是幸福的"。

"不管成功与否，这些都将会是财富。一个人的富足，除了物质的追求，还得有精神的倾注。商道寂寞，但商务充实。"马克说。

业余时间，他还把这些经验写成了一本《我的商务故事》，为这份努力追求自由的心做一个记号。

马克的第三个梦想也就是实践个人普通的梦想，验证奇迹的发生，并把它传递出去。

他把自己当一个标杆，从改变自己开始，再影响家人、朋友，然后说不定会改变这个世界。谁说得准呢？

马克说自己不是富二代，不是"海归"，是中华人民共和国千千万万普通大众中的一员，也就是所谓的草根，普通得再普通不过了。

如果我能用自己的身体力行去设定梦想、追求梦想，不管中间付出多少艰辛，最后成功了，那么对普通人来说，都将是一件很鼓舞人心的事。

马克非常要好的老同事陈老师曾感叹道："马克啊，你现在过的生活，是一个有千万身价的人都不敢过的啊！"这话很令马克感慨。

是否要等到有千万身价之后才去过自己想要的生活呢？

过自己向往和追求的生活真的需要那么大的成本吗？

高度文明的国家，人们都是安居乐业的，并快乐地享受着生活的点点滴滴。受西方文化影响较大的马克也想尝试一下，一个普通的人是否也能过上一种富足的生活？

目前为止，马克见证了不少的奇迹，他也相信按这个思路下去是正确的。

比如运动，他从一个人的独行，到一群人的户外活动。

比如教育，他把女儿当作一个试点，将她成功地培育成为一个优秀、健全的好学生。

比如追求自由，他从创业至今，一直做自己喜欢的事，并能自由地安排时间。被无形影响的人，粗略计算，大概有一百多个家庭了吧。

"我努力使我的人生圆满一些，等我到60岁时，我可以带我的老婆和女儿去世界各地旅游，然后回来写书，总结和记录我这一生走过的年代，留给后人借鉴和参考。如果你们愿意，也可以努力这样去活。在我们年轻力壮时，由于拥有精力、智慧和能力，我帮助了很多外国的客户和中国工人。我是历练者，我也是企业家。"马克相信这一天不会遥远。

回观我们，没有人缺少梦想，只是缺少践行梦想的人。

梦想不遥远，只要从我做起。

你不需要别人过多的称赞，因为你自己知道自己有多好。最令人遗憾的是，你配不上自己的雄心，也辜负了受过的苦难。无论现实多么迷茫、艰难，努力还是必需的，梦想还是要有的，哪怕是跌跌撞撞遍体鳞伤，也好过心如死灰的漫长。

知识改变不了你的一生，只给你改变的机会；工作改变不了你的一生，只能养你；婚姻也许能改变你的一生，但不是每个人都愿意；梦想也许能改变你的一生，但成功需要付出太大的代价。想改变人生就要抛弃旧生活，没放弃就没获得。所以要想好，你要的究竟是全新的人生，还是安逸的生活！

带着梦想奔跑，终会遇见想要的未来

"我们终会遇见想要的未来。"有很长一段时间，我虽然并不知道这个"未来"是什么状态，无法把它具体化，但只要梦想不抛弃我，我就不会先放弃它。

只是，在与梦想同行的途中，总会遇见这样一段时光：逼仄黑暗，孤独无依，你停下来想要靠一靠、歇一歇，释放心中的疲惫。这一刻，你会无助，你会茫然，像个走迷宫的孩子，完全不知道下一个出口在哪里，可你还要提着一口气站起来、走下去。你明白，如果这一刻放弃了，也许就再也遇不到那个想象中的未来了。

2012年，大三暑假，我一个人住在北京的地下室里，窄小的房间仅仅容得下一张床。一个趔趄，就能栽倒在床上。刚入住的时候，各种不适应，却还是自我打趣：看，多好，进门就可以睡觉了。闷热的夏天，空气却是湿漉漉的，要滴出水来，洗过的衣服，无处晾晒，只能阴干。

为了能够挣到下一季度的生活费，我在南锣鼓巷的一家冷饮店里打工。二十出头的女孩子，有着五彩斑斓的愿景，即便日日都要站立十几个小时，时常加班到零点，也不觉得累，一味地沉浸在京城的新鲜气儿里。有老外来买东西，我会积极地用不太熟练的口语跟他们打招呼，还喜滋滋地想，学了这么多年的哑巴英语，终于可以发声了。

　　这一切都令我欣喜。然而，这些欣喜太过短暂，仅仅持续了一个星期。高强度的工作让我变成了霜打的茄子，日复一日地重复着机械而琐碎的动作，令人心生烦躁。正赶上北京的雨季，我就站在柜台后面，看着雨丝打过老槐树的叶子，扑簌簌地落一地，很文艺地想起古诗里的句子"落花人独立，微雨燕双飞"。会想起日间那些摇着蒲扇在胡同里行走的人，他们悠闲的姿态中，没有旅人的匆忙和新奇，有的只是对这个城市的熟悉。我看着他们，试图窥到一丝丝的归属感。

　　可是，归属感是他们的。我有的，只是做不完的工作。我感到浓浓的倦意，在日记本上写下归家的日期，一天天掰着指头数日子。就在那样的境况下，我遇到了L姐姐，她比我晚两周应聘到这家冷饮店，做的是兼职。她工作上手很快，而且动作迅速麻利，只是整个人经常显出精气神不足的样子，偶尔有个小间隙，都会闭上眼睛歇息。后来我才知道，她每天要做三份工作，早晨4点钟起来送报纸，上午在超市收银，下午在冷饮店站岗，每一份工作都收入微薄，但每一份工作都做得极其认真。

　　用她的话说，这是赖以生存的命脉，怎能不认真对待呢？

　　我问她，为啥要这么辛苦？

　　她微微地笑了，趁年轻，多挣点钱，给孩子攒点上学的费用，以后干不动了，就回老家。提起孩子的时候，她的眼睛里满是柔情，那是一个母亲特有的眼神。

　　那一晚，恰逢大雨。L姐姐下早班，准备骑电动车回去，没有带雨具，我把雨伞借给她。她笑着拒绝，说拿着不方便，说罢起身从仓库里找了两个黑色的大塑料袋包裹在身上，整个人像个黑色的大粽子，只露出一双忽闪忽闪的眼睛，冲着我笑。

我也笑了，却在她的背影没入雨中的那一刻，心底尘土飞扬。偌大的北京，承载了无数人的梦想，L姐姐是其中一个，他们在底层挣扎，在通往梦想的路上栉风沐雨，却从未放弃过快乐。

那天下晚班的时候，路过地铁口，我站在一个弹吉他的少年旁边，默默地听完了那首《把悲伤留给自己》，而后对着少年微笑，看着他扬起的脸。

他有他的音乐梦，我也有我的梦。这些年来，我一直做着文字梦，在别人眼里，仿佛是异想天开，甚至连亲人也不理解，用苛责的话语给我施压：不要做白日梦了，又没有什么阅历，能写出什么来？周遭也有人用或嘲讽或奇特的眼光看着我：嚯，看不出来，还是个小才女呢！

那种明明是夸赞的词汇，却不带鼓励的情绪最能刺激人。

我一个人默默地泡在图书馆里，躲在角落里看书，阳光打在书页上的景致最美，白纸黑字的气味最好闻，阅读使我感到快乐。我慢慢地感受到自己存在的价值，把那些凌乱的思绪记录下来。看着文字在本上跳动的节奏，那么轻盈灵动，好像一刹那就能繁花开遍。后来，这些文字散落在网络的各个区域，它们有了读者，有了归途——我也在它们的归途里感到快乐。

承受的磨难那么多，经受的失败那么惨烈，当它们一点点地铺展在面前的时候，你会看到行程的颠沛、前途的渺茫。可还是要一步一个脚印地走下去，哪怕你等不到破茧成蝶的那一天，因为你如果不去努力做一个茧，就注定没有成为蝶的机会。

曾经看到郭斯特的一部漫画：《别忘了，你也是会发光的》。我告诫自己，不会忘，即便这束光很微弱。这些年来，喊过苦，叫过累，却始终没有停下脚步，为了心中那份对文字的希冀，跌跌撞撞地走了这么久，还要不遗余力地走下去。

没有谁生来就是十全十美的，更没有谁生来就能掌控自己的人生使其顺遂无流离。我们只能做人生的过客，慢慢地摸索，给自己找到坐标，然后坚持走下去。

引用林徽因的话就是：温柔要有，但不是妥协，我们要在安静中，不慌不忙地坚强。

梦想在你心里，在你背上，在你脚下，但总有一天会和你融为一体，任你成为它的主宰，而你要做的，只是用心带着它。

说不定哪一天，你的路途中就会亮起灯光，照清你奔跑的脚步，而你也会遇见想要的未来。

人生最珍贵的六种财富：一是洋溢在容颜上的自信，二是融化在血液里的骨气，三是打造进灵魂中的信念，四是蕴藏在心底里的梦想，五是丰盈在大脑中的知识，六是父母给咱自己的身体。

人一辈子不可能都是顺的，总会摊上点什么事情，金钱上的损失都是小事，早晚都会赚回来，就怕人留在坑里出不来，把自己的信心、梦想以及良好的品质丢掉，那才是最致命的。

给你的梦想透透气

今年上半年大约有5个月时间，我都在参与一档综艺节目的拍摄，每个月抽一周，封闭式完成拍片进度。也是在那段日子，我认识了化妆师Lucy。

她皮肤白得亮眼，并且，勤奋得无处不在。化妆师们通常都有分工，如果负责早起化妆，当天就不再跟妆补妆，更不会兼顾服装配饰，但她不同。她经常早晨给我化妆，下午看到她出现在片场跟妆，晚上又笑眯眯地到房间帮我试第二天的服装。尤其让我欣赏的是，她是个非常得体的姑娘，不多话不八卦，工作爽利，预热了一个月，我们的交流逐渐多起来。

一天早晨，她照例5：30来到我的房间化妆，打开自己一尘不染的粉红色化妆箱，整排码得整整齐齐的各种色号的粉、眼影、腮红、口红，林立的化妆刷，还有吊着Hello Kitty（凯蒂猫，品牌名）挂坠的睫毛夹，每一件都干净整洁，我们开始妆前打底。

"老师，以后织布面膜要躺着贴。"她小声提醒我。

我吃惊她怎么知道我习惯早上一边贴面膜一边工作，她娴熟地边画边说："你的皮肤含水量充分，但线条有点向下走，说明有不良习惯。织布面膜不要站着贴，地心引力向下拉，时间久了面部轮廓会下垂，好在你的很轻微，来得及纠正。"

从此，我养成躺着贴面膜的新习惯，效果来得快而且让人惊喜。

并且，我和Lucy成了亲近的朋友。她告诉我很多护肤与彩妆的专业知识，跟我解释"异硬脂酸""丙二醇""山梨坦油酸酯"这些奇特的名称究竟对应什么成分和功效，和我一起寻找最适合的彩妆与服装颜色，教我画高难度的内眼线，甚至独立贴假睫毛。

在Lucy一对一的培训中我进步神速，两个月里配置了和她几乎同样专业的装备，自以为可以出师了。于是，有一天早晨，为了减轻她的工作量也为了炫技，在她五点半来到我的房间之前，我自己化完妆，得意地问她："怎么样？和你化的有什么区别？"

她默默端详，龇牙笑起来："你知道吗，改一个看上去不错而实际上很烂的妆，比重新化一个妆费事得多，我和你最大的不同是精细度和专业性。"

她摆好装备开始修我的脸。

"老师，你每天花多久写文章？"

"至少3小时，但我的其他工作也是和写字相关。"

"我原本在纽约学法律，因为喜欢，而且梦想成为化妆师因而转到化妆设计学院，回国后准备开工作室。但是，我觉得自己实践经验不够，接了各种工作单锻炼，综艺节目、剧组、宴会Party（聚会），我到这里是因为这档节目的导师是化妆界大神，我想观摩偷师。所以，就像我写不出你的文章一样，你也不可能在两个月时间里化出我研究了两年的妆，你之所以这么自信，是觉得别人的工作太简单，而世界上没有简单的工作，只有外行的误解。"

她利落地在我脸上涂抹："你知道今天外景多，风力5级以上要用超强定型发胶吗？你知道哪个牌子的发胶能把头发定得7级风都吹不散吗？你知道自己要换蓝色和橙色两套不同色系的衣服，什么颜色改妆最方便吗？"

我确实不知道。

"你了解古装剧和现代剧打光不同怎样选择底妆的色号吗？我给一个演员的剧组演员化过妆，为了表达不同职业、级别、年龄的女人各自的妆感和性格，在地铁、写字楼、咖啡厅观察了一个月，眉毛的形状、眼影的颜色略微调整，就是完全不同的人物性格。这些，都不是你两个月能搞定的。捷径和技巧确实有那么一点点，可是，最大的捷径永远是：无他，唯手熟耳。"

我看着镜子里的自己被改得越来越顺眼，默默佩服这个厉害的90后，她一下看穿了我表面尊重、心底轻慢的心理，毫不留情地直接戳穿。她让我更加清楚，任何看上去简单的小技巧，实际都是精心钻研出的大学问，从而对专业心怀更多尊敬。

从此，我更加关注Lucy。

这是个家境与家教都非常好的姑娘，父母有足够能力满足她的愿望，可是，为了化妆师的梦想，她宁愿坐普通座位、住标准间、拿每天180块钱最低的助理工资做全工种积累经验。她对我说过最多的是"梦想"，一个我本来觉得挺可笑的词，而她让我觉得不是梦想可笑，是一些可笑的行为把梦想的门槛拉低成了梦幻。

我见过很多梦想开服装店的人，却不了解衣服的材质裁剪、房屋租金、客流结构，以为凭借好"眼光"就能卖出爆款；

我也看到过想当作家的人的文章，通篇自己的感悟感慨，并不考虑阅读者体验，觉得有"才气"就能获得10万+的点击量；

还有想做"书吧"小而美创业的人，实际上对成本控制一窍不通；而淘宝店主和代购更是轻松赚钱梦想的重灾区，多少人觉得"买买买"经验丰富的人，都有能力指导别人去买，都有资历把爱好变成职业，现实却是只有3%不到的店主有盈利的可能性。

可是，如果只动嘴，人们都能把"梦想"描述得特别漂亮，说得出梦想外在美好的轮廓，却无法用精细度和专业性把它解构成踏踏实实步骤清晰的骨骼，于是，梦想成了永远无法实现的梦幻。

在波光闪耀的水面活蹦乱跳地游戏的，大多是小小的鱼类和虾类，而鲸鱼，往往深深地、默默地、稳稳地潜在海的深处，它们叫声低沉而震撼，有时到海面上晒晒太阳喷喷水，但更多的是承受深海的压力，看到另外一个安静而浩大的世界。

梦想不是空中楼阁，它是深厚踏实的土地，需要真真切切用脚丈量，才有机会走向远方。

那些梦幻，总是漂浮在生活的海面，梦想则像鲸鱼一样深潜在生命的海底。而Lucy就像沉静地潜伏在海底的小鲸鱼，我相信她迟早会浮出海面晒太阳。

所有的不甘，都是因为还心存梦想。在你放弃之前，好好拼一把，只怕心老，不怕路长。人生那么短，总得有段时间为自己活一次吧。

每个人都一样，都有一段独行的日子，或长或短，这都是不可回避的。不必总觉得生命空空荡荡，放心吧，一时的孤独只是意味着你值得拥有更好的。

努力变成心里最真实的自己

大长脸是我表哥，一个典型的天秤男，有一张酷似日本文艺猥琐大叔的长脸和一种慢吞吞与世无争的呆萌气质，而且还有"程序猿"的标签。他的语言表达能力退化得惊人，考英语只能考到满分的三分之一，说汉语也老是舌头打结。不过仔细想想这些年，他的经历让我相信了"讷于言，敏于行"远好过"45度角仰望天空，屁股都懒得挪一下"。

"梦想注定是孤独的旅行，路上少不了质疑和嘲笑"，这是陈欧说的，他为自己代言。而大长脸的梦想没有那么励志和正能量，他是为自己带"盐"的那一类人。他的梦想从小就有些俗气，就是赚钱。后来，我渐渐发现大长脸让我看到了这个世界的N种可能，让我发现原来没有那么多的不可能。

为了买新出的四驱车，大长脸自力更生。为了省下钱买更好的贺年卡，他从H市的一端沿着铁轨走到火车站的小商品批发市场，当时顶着呼呼的寒风、踩着冰冷的铁轨走40多分钟的开心和无忧无虑，直到现在我都记忆犹新；再长大些，大长脸就开始打起了夜市和各种音乐节的主意。平时慢吞吞的他，在被逼急后所爆发的力量是不可估量的，一双大长腿不知逃过了多少城管和大妈的围追堵截，一张大叔脸不知哄骗了多少少女买他的海报和荧光棒。我曾经以为他是只鸵鸟，一切都是慢吞吞的，后来才发现这家伙是只黄鼠狼，有目标，有方向，起早贪黑，不言不语，然后一招制胜……

　　大学毕业，计算机从业人员供大于求，一向傻呵呵、慢吞吞的大长脸，也在人生的十字路口变得既孤独又迷茫。我问他准备从事什么职业，他无所谓地说，不管干什么，挣钱就好。那段时间，大长脸在无数个招聘会现场木然地奔波，实在没有着落了，他俗气地和我说，先挣钱再说，于是勤勤恳恳地在一家西裤连锁店干起了调度员。

　　寒假回来的时候，他抽烟抽得很凶，牌子也貌似提了好几个档儿，烟圈在故意蓄起的胡须周围调皮地打转，长长的脸看起来有些沧桑，又些可爱。我问他下一步准备去哪儿发财。没想到，他把烟蒂狠狠地摁在地上，正能量十足地说，去考公务员。当时，我惊得半天都没说出话来，不知道这半年他经历了什么，是他厌倦了漂泊还是真的"改邪归正"要立志为人民服务了。不过这些都不重要了，重要的是这家伙在"离经叛道"后真的就"洗心革面"，开始在康庄大道上"匍匐前进"了。

　　两个月之后，大长脸带着一脸释然和从没有过的平静告诉大家，他没考上，不过准备创业，店铺已盘好就等装修了——他要和朋友合开一家桌游吧。我不能想象家里那帮50后和60后在听到"桌游吧"三个字时，是怎样在他需要启动资金的时候批驳和斥责他的，也不能想象他是怎样顶着压力在大家都不看好的前提下到处找房子的，只知道他去做了。开始装修前，我问他怎么从家里拿到赞助的，他只说他和他爸磨叽了好久才拿到开店的一半资金，他说这话的时候眼睛里满是温暖和喜悦。

店是他和朋友一起装修的，基本上是从毛坯到精装的一个过程。那段时间，他估计快被装修折磨疯了，在收集了整整一屏幕的装修攻略后，去建材市场讨价还价，然后光着膀子在房子里DIY各种小型家具和道具，来"拜访"他的人络绎不绝，有楼上叽叽喳喳的大妈，有儿时一起长大的小伙伴，也有一群又一群慕名而来的家人。有来絮絮叨叨让他停工的，有来嘘寒问暖送祝福的，也有来冷嘲热讽表示同情的。当然送祝福的毕竟是少数，表达无限同情和袖手旁观的是多数。

那段时间，不知道大长脸在叮叮当当中忽略了多少"语言炸弹"，人家在说，他就在叮叮当当地钉钉子或者在咯吱咯吱地锯木头。不按既定的方向走，不按套路出牌，让他和他的小伙伴在这条路上走得有些孤独。但我相信，他这么做是因为他真心想这么做，人如果真想做成一件事，全世界都会伸出援手。这世界这么多可能，不尝试怎么会知道没有可能？如果人人都听信别人嘴里的不可能，也许这个世界就真的不会有那么多可能了。

很快，周围的"语言炸弹"越来越少，物质和精神上的各种抚慰来到了大长脸身边。弄一棵小树苗是需要钱的，可他真是踩到狗屎运了，在一个月黑风高的晚上，当他路过一处建筑工地时，竟然发现了人家刚刚砍倒遗弃在路边的小树苗和废弃的窗框，于是他跟捡了金元宝似的，把树苗偷偷运到店里，开心地做成了一棵装饰树和数个装饰品。人一拨一拨地拥向他的店里，都在感叹他居然没花多少钱就营造出这么文艺而复古的感觉。大长脸变废为宝的本领，又一次证明了没有真正的废物。

开业很长一段时间后，大长脸还是孤独的，他白天忙着发传单，晚上忙着研究店里五花八门的桌游。顾客不多可能是宣传力度不够，需要改变一下宣传策略……我一五一十地给他分析，他认认真真地听，然后继续抽着烟看着密密麻麻的游戏说明，还是没有抱怨，只是按部就班地该干吗干吗。可能是他在关键时刻能说会道，可能是店面位置优越，也可能是他的大叔气质蒙骗了涉世未深的孩子……总之，在他和朋友的共同经营下，这个店居然在H市火起来了。人总是极其矛盾和拧巴的，前一秒在轻蔑和假模假式地同情，后一秒可能就在嫉妒或者毫无顾忌地赞赏。本来很多事情很简单，却被如潮水般涌来的唾沫生生地搞艰难了；本来很多事情的解决之路有很多条，却在条条框框的束缚中被既定成了少数的几条。

很少和大长脸探讨看起来高大上的问题，因为你问，他就会像女神对待难缠的粉丝一样说，"呵呵，天气真好"。后来我想通了，不是他不想，而是他把理想主义构架在食物和财务之上，想好了就立刻去做，犹犹豫豫的特性全都留在追女孩方面了。

一个朋友曾经和我说，你哥这店开起来肯定没人去，可是在这个小店开起来之后，那人却说看看这小伙子踏实肯干又有魄力。想想如果他没有走过那段孤独的时光，会不会也像很多人一样在按部就班的工作中构思着自己曾经的梦想，不自觉地站到了"庸俗"的队伍里，然后在符合主流价值观的社会里做着规范的事情，有一天也木然地注视着身边特立独行的另一队？每个人对孤独和庸俗都有不同的理解，孤独也好，庸俗也罢，关键是自己珍视自己的选择，能承受得了选择后的沉没成本，要么孤独地坚持自己，不求理解，但求心安；要么庸俗地改变自己，不求文艺清高，但求踏实平淡。

人生在世，最难的就是被人理解，生来孤独本是常态，被理解怎样不被理解又怎样，有偏见怎样没有偏见又怎样，变成别人眼里最好的自己远不如努力变成心里最真实的自己。

　　别人再好，也是别人。自己再不堪，也是自己——独一无二的自己。我们常会为错过一些东西而感到惋惜，但其实，人生的玄妙，常常超出你的预料。无论什么时候，你都要相信，一切都是最好的安排。坚持、努力、勇敢追求，那样就有突然的惊喜到你的世界中来。

鲁迅先生说，他把别人喝咖啡的时间用来看书，所以在写作上的成就才这么高。时间就像海绵里的水，挤挤总会有的。你连挤都不愿意挤，当然没时间了。希望每个人都能实现自己的梦想，而不只是说说而已。时间是能挤出来的，梦想也是可能实现的。

实现自己的梦想，不只是说说而已

飞扬是我的大学同班同学，为人幽默风趣、能说会道，朋友很多，今天和这个聚，明天和那个聚，要不就是参加各种社团活动和体育运动，总之一个月没有几天是闲着的。

我空闲的时候常常在空间写些文章、随笔，记录一些生活的点滴。飞扬会给我留言，夸我写得不错。有时候上课碰到了，也会当着我的面赞我，我不好意思地笑笑，说都是随便瞎写的。

飞扬说他以前文章也写得很好，读高中时写的作文常常被老师当成范文在班上朗读。我问他现在怎么不写了，飞扬说："你看我哪里有时间？每天都排得满满的。"我说："那你可以夜晚临睡前写写随笔再睡。"他说临睡前他肯定是要玩一把游戏才能睡。

很快，飞扬就凭着能说会道的嘴交了女朋友，两人每天卿卿我我的，羡煞旁人。到了期末，大家都复习得差不多了，飞扬才临时抱佛脚。我问他怎么不提早做准备，他说："哪有时间啊？要陪女朋友。"

四年的大学生活过得很快，转眼我们都毕业了，飞扬凭着嘴皮子功夫，很快找到了工作。但是一直工作了四五年，还在原来的岗位打杂，我们同届的同学里，他算是混得不好的。

　　再次见面，飞扬和我抱怨公司如何不好，工资如何低，领导不赏识他，同事也不帮助他。我才刚说出"跳槽"两个字，飞扬就连连摆手说："不行不行，我这几年什么都没长进，别的公司肯定更看不上我。"我说："那你业余时间可以报个班学一些东西提高一下自己啊。"飞扬说："哪有时间啊？下了班还要陪老婆孩子。"熟悉的话语再次听到，这一次，我又无语了。

　　飞扬接着说："我真羡慕你找到这么好的工作，有这么高的工资，被领导器重，听说你还当上了网络作家，你说你运气怎么就这么好呢？"我有一肚子的话想跟他说，可是我张张嘴，一个字也没说出来。因为有的人，你和他说再多也是徒劳。

　　从大学时起，飞扬就一直在说"没时间"，在我看来这只不过是借口而已，若真正想做，怎样都能挤出时间。飞扬说我运气好，可是只有我知道自己付出了多少才有今天这一点点的小成绩。

　　鲁迅先生说，他把别人喝咖啡的时间用来看书，所以在写作上的成就才这么高。我相信，那是他的肺腑之言。我们看到很多人取得了成功，但他们的背后都有数不清的艰辛和坚持。如果一个人拿没有时间来做借口，你不妨问问他为什么有时间网购、玩游戏、看电视、逛街、聊天。

　　我想到了另一个人——吕新。那年受日韩潮流的影响，我和朋友都报名学起了日语。就是在那间教室，我认识了他。

　　吕新学的是经济学，专业课程极优秀。在大家临时抱佛脚准备英语四级考试的时候，他已经在准备六级考试了。当我们为擦着及格线过了四级而欢呼雀跃的时候，吕新已经高分通过了六级。当我们还在苦背五十音图的时候，吕新的日语平假名、片假名书写已经很流畅了。当我们还在背诵单词的时候，吕新已经将课文背得很顺溜了。

吕新是课间为数不多的勤学好问之人，每次课间都能看到他带着各种问题向老师请教。日语是我们选修的课程，我抱着期末能过的心态敷衍应付，而吕新拿到手的成绩单近乎满分。

我和吕新聊了起来，才知道他每天的时间排得满满的，早晨起来晨读英语和日语，然后吃早点、上课，午休起来上课后到英语角和外国朋友一起练习英语口语，或者到日语角和日本朋友练习日语，晚上没有课的时候就到图书馆看专业课程书籍，夜晚临睡前总要听一段英语语音或者日语语音。我听他说完，对他佩服得不得了，他努力地用他所有的时间来学习各种知识，难怪远超同龄的我们一大截。

我问他这样的生活累吗，他笑着说习惯了就好，要想出成绩，做到极致，不付出怎么行。

他说他知道自己并不聪明，唯有勤能补拙，笨鸟先飞。他说他相信他没有辜负时光，时光肯定也不会辜负他。他说他虽然不是学习语言专业的，但他心中有一个做翻译的梦想。

大四开始，我就没有继续再学习日语了，我忙着毕业设计，忙着找工作。走在校道上，偶尔遇见吕新，也只是笑着打个照面。后来，我听说吕新通过了日语二级的考试，多少日语专业的学生都很难通过的考试，吕新竟然通过了。如果世界上真有奇迹，这大概就是努力的另外一个名字，这句话说的就是吕新这样的人吧？

等我临近毕业的时候，才听说他考上了日本排名前列的大学的研究生，主修社会人类学。我后来听他聊过，留学期间他半工半读，在餐厅打工兼职。兼职的时候，他的兜里总是装着小卡片，上面写满了专业课的要点，时不时掏出来看看，很快就记牢了知识点。不打工不上课的时候，他就一个人跑到图书馆看书，如饥似渴地阅读了大量的日文原著，他说用日语读原著的感觉，确实和翻译成中文再来理解的感觉不一样，可以带着语感融入作者的世界，那是一片全新的世界。

吕新研究生毕业后回国了，他说留学的生涯开拓了他的眼界，让他学到了书本上学不到的很多知识。现在的吕新真正实现了他的翻译梦，他已经有两本翻译的著作出版了。

他说他努力了那么多年，终于实现了他的梦想，他说梦想成真的感觉真的很棒。同时，他作为优秀校友，回校开了讲座。他说成为优秀校友和开讲座这两件事，是他从来都没想过的。

我想，只要足够努力、足够优秀，上天总会回馈你更多的惊喜和意外。时间都是不多的，但只要我们能牢牢抓住该抓紧的时间，还是能做很多事情的。所谓的没时间，只不过是我们用来推脱的借口。

如果你真的想做一件事，肯定会拼尽全力，怎么样都能抽出或多或少的时间来做。如果你说没时间，你只不过是想偷懒，其实你并没有自己想象中的那么喜欢。

希望每个人都能实现自己的梦想，而不只是说说而已。时间是能挤出来的，梦想也是可能实现的。

遇到过一些迷茫的朋友，他们不知道人生该去向何处，也不知道当下如何选择，只是不满足于现状，觉得苦闷压抑。"迷茫，就是才华配不上梦想。"梦想太高，而才华不够，踮起脚尖也触摸不到梦想，所以才会苦闷无奈。所以要解决这个问题，要么降低梦想的标准，要么努力增长自己的才华。

无论多么平庸的时代，都阻挡不了人们的英雄梦想。有一些梦想，诸如穷游世界，只有小人物才能实现，其他人就不必来凑热闹了。现在看到的大红大紫的旅行明星，都是多方利益合作诞生的产物。真正的行者，都在不为人知的地方，默默地走着呢。

说出来被人嘲笑的
梦想，也有拼命实现的价值

前些天姐姐、姐夫出差，将外甥放在我家托管一周，喜欢小孩儿的我为了让老妈腾出手来做大餐，自告奋勇去接外甥放学。

到了学校，发现来早了，在教室门口边等边偷听他们的上课内容。

突然听到老师问他们一个问题："你们的梦想是什么？"

小孩儿们都争着抢着举手要回答问题，有说要当宇航员的，有说要当医生的，有说要做老师的，个个表情明亮，眼神发光。这一幕似曾相识，好像很久以前我也是这样。

我突然有点好奇，如果现在再问问朋友们这个问题，不知道会收到什么样的回复。

于是我将这个问题群发给了一部分同学和朋友，正是下班坐公交地铁看手机的时候，不一会儿就收到好多回复。

其实大多数回复都在意料之中，要么是问我抽什么筋，要么是感慨生活不易，梦想奢侈。

独独桃子的回复让我有些吃惊，她说："我从小的梦想就是做现在的自己啊！"

通过这次吃惊之余开始的聊天，我才认识了一个我从没见过的桃子。

桃子出生在大西北撒哈拉沙漠边缘一个小小的贫困县，960万平方公里的华夏大地，她的家乡连地图上一个点都占不上。

小学的时候，她的老师曾经也这样问过他们，她没怎么犹豫，说自己要做很厉害的翻译官。在那样的一个小县城的小学里，没有外教，没有口语训练，没有语言环境，老师讲课全靠背语法，学生答题全靠猜蒙编，做翻译官这样的梦想听起来比当宇航员更离谱。

这个英语高考都从来不考听力的地方，有位11岁的小姑娘说要当翻译官，好像是一个天大的笑话。桃子上的小学是单位附属小学，很快地，她想当翻译官的宣言传遍了整个单位。她的妈妈回家后很生气地问她知不知道翻译官是做什么的，她也只是在书上看到过，她才11岁，她哪里知道那是做什么的。

她说不出话，从那以后再也没有说过那样的话。那件事就像是一个小小的插曲，再也没被她提起过，却也没有忘记过。

她拼命地学英语，从小到大她的英语成绩都名列前茅，高考时英语成绩是全县第一，145分，以接近满分的英语成绩考入了北京外国语大学。

这下前方总该有一点光明了吧，她想。

可惜她错了。

她的听力太糟糕了，口语也非常差劲，虽然如愿进了最喜欢的英语专业学习，但英语听力和口语却是差得不行。

这么糟糕的自己哪里配得上那样高层次的梦想。她想躲在被窝里大哭一场，却又掉不出眼泪——从小到大习惯了逆境里奔跑的人，偶尔想矫情一把都酝酿不出情绪。

她只好继续拼命学习，每次考试临近就整夜整夜睡不着觉，上一年大学瘦了10斤。

总会好起来的，她安慰自己。

直到大二她渐渐熟悉了新的环境，也适应了学习氛围，从有勇气开口讲英语到熟练掌握英语口语也不过两年时间，她熬过来了，再一次清晰地感觉自己离目标不再遥远。

大三时她非常幸运地得到了一个超棒的国际交流名额，她想去啊，可是费用太高了，一年要十几万元，家里的条件她也清楚，根本无法负担高昂的费用。她不敢向家里开口，可是机不可失时不再来，钱以后可以赚，机会错过就没有了。一咬牙，她去贷了助学贷款，而这笔款直到去年才还清。

交流那一年，穷人的留学生活几多辛酸，不用赘述，但她觉得很值得。

留学一年回来后面临毕业工作，她的口语已经通过留学锻炼得很流利，英语基础也非常不错。她鼓足勇气去考了外交部公务员，很幸运地通过了考试，如今在外交部负责外交业务工作，如愿以偿地做上了翻译官。

令我印象最深的是她的那句话："即使在最难过的时候，我都会告诉自己，不要放弃，你配得上你的梦想。如果连你自己都开始怀疑你的梦想，还有谁能帮你呢？"

她讲完这些经历，不无唏嘘地感叹自己一路走来太幸运。听到她明显谦虚的口气，我郁闷地撇了撇嘴。

真的只是幸运吗？我想恐怕不是的。

幸运是强者的谦辞，命运是弱者的借口。有实力的人才配得上幸运，有准备的人才抓得住机会。

如果当初被同学嬉笑过后她选择放弃，如果当初被母亲斥责后她不再坚持，如果学业难堪的时候她换了方向，如果经济困难时她决定错过……哪一步走错，都不会有她如今理想坦然的生活。

　　当你再过些时日，坐在摇椅上回想人生，你会发觉原来什么时候出国读书，什么时候决定做第一份工作，什么时候恋爱，什么时候结婚，其实都是决定命运走向的转折。只是当时站在那个三岔路口，眼见风云千樯，做出选择的那一日在记忆里相当沉闷平凡，当时还以为是生命中普通的一天，却在不知不觉中，已经走过如此多的曲折。

　　即使在那个什么都不懂的年纪，这些小孩都会本能地排斥过于优秀的人。我们都怕被人说自己和别人不一样，每个人都庸常地活着就好，你出挑是错，沉默是错，与众不同还是错。

　　但我们有对未来最美好的憧憬，我们敢说出不切实际却勇气满满的宣言——我要当宇航员，我要做警察，我要当科学家，我要当医生，我要长生不老，我要很有钱，我要制造机器猫……我们不怕实现不了，我们相信自己配得上任何一种不现实。

　　随着年岁渐长，我们渴望与众不同，渴望为人瞩目，却开始耻于谈论梦想，早早失去了说出豪言壮志的勇气。

　　我们开始更加看重该做什么而不是想做什么，不再敢轻易地表达自己的愿望，只有在生活闲暇的时候拿出来晒晒太阳，然后感慨身不由己。

　　可是现实惨淡，生活残酷，为什么不能给自己一个机会？如果连自己都吝啬于给自己试错的机会，还有谁能帮你？

　　前几日和朋友聊天，正好也聊到此事。

　　她是业内很有人气的明星编辑，前10年以读书谋生，余下的日子想以写作为主，抓住机会实现曾经的梦想。

　　她今年刚刚出了第二本长篇小说，文字细腻，拥趸众多，却不知是不是被生存磨平了棱角，常常心虚得厉害。她对文字要求极高，为了赶进度急出了一身的病，期间进了好几次医院，手术伤口线都没拆就开始工作。一个人在小小的出租屋里捂了两个月，把这些年经历的人事感情糅杂进作品里，她写自己哭，我们看着也哭。

我见过许许多多的作者，她的认真负责绝对是个中翘楚，"哪里配得上你们的支持和喜欢"这句话却常常挂在嘴边。

另外一个朋友也想以文字谋生，她年轻、有活力、敢表达，却在面对梦想的时候依旧有些畏惧不前。

其实就梦想这回事来说，没有配不配，只有敢不敢。

在20世纪50年代的加拿大安大略省出生了一个男孩儿。男孩子智商很高，大学专业是物理，但在毕业的时候，他也不知道他人生的目标是什么，也不知道他喜欢做什么。

父母说："你去做一个白领吧！"他就去做了会计。

两年之后，他发现自己并不喜欢会计枯燥乏味的工作内容，所以他辞职了，转行去做了木匠。没几年他又觉得这个不够刺激，又去做了卡车司机，8年之后，他已经33岁了。

父母和他有过一次谈话，他们说："孩子，我们已经觉得你是失败的，你33岁了，一事无成。"

谈话过后不久，他看了一部电影叫《星际大战》，看完这部电影，他觉得终于找到人生目标了，他要去拍科幻片。

他辞去了卡车司机的工作，搬到了好莱坞。他拍的第一部电影成本很低，主演叫阿诺德·施瓦辛格，电影叫《终结者》，这个33岁还一事无成的男人相继又拍了很多电影：《异形》《泰坦尼克号》和《阿凡达》，他成了全球最炙手可热的导演，他叫詹姆斯·卡梅隆。

梦想吸引人的地方就在于它难以实现，所以梦想成真后的成就感才更强烈。

　　人生很长，但也很短，如果有梦想陪着你，那些需要你独自走过的路也许就不会那么的心酸和无聊了吧?

　　说出来被人嘲笑的梦想，也有拼命实现的价值。

　　你的坚忍、勇敢、韧性、耐心足以让你配得上任何梦想。

　　你配梦想，绰绰有余呢!

　　趁自己还年轻，我想给自己一个拔尖的机会，因为我必须给自己一个交代。因为我就是那么一个老掉牙的人，我相信梦想，我相信温暖，我相信理想。我相信我的选择不会错，我相信我的梦想不会错，我相信遗憾比失败更可怕。

所选专业不是你喜欢的，而是你父母要求的。毕业后工作不是追求自己喜欢的，而是追求稳定的。多年后，我们都在感慨梦想总是遥不可及，未来在哪里，却不曾想过当初的自己。现在的处境就是当初的选择，以前的你决定了现在的你，杀死你的不是此时的现实。现在的你感觉身不由己，是因为你从一开始就选择了逃避。

以梦为马，厚积薄发

昨晚和表弟谈到了他最近的成绩还有在校操守的问题。

这个读高一、15岁、已经高178厘米，却只有110斤的男孩子，抗拒地抱着他的吉他，坐在电脑桌前蜷缩着身体，以为我看不见他皱着眉头、翻着白眼、不耐烦的表情。他暑假跑了一趟海南岛，再加上10天军训，接受灿烂日光的洗礼，把自己晒得黑到可以直接奔向非洲人民的怀抱。

我和他隔了7岁的年龄差，我7岁那年，刚刚上小学，他出生，家里全是添了新生命的喜悦。外公翻烂我那本新华字典，绞尽脑汁地给他起了一个霸气的名字，名字中有一个龙字，寓意他日后能够飞龙腾达，生龙活虎，对他寄予了很大的希冀。

我看着他会爬会走，会跟在我的身后叫姐姐。他由一个巧克力色的小团子，变成了煤球色的长竹竿。时光飞逝，蹉跎岁月，他长大了，我老了。

昨晚如果不是舅妈打电话给我，一把眼泪一把鼻涕地向我诉苦，说表弟在学校晚自习中违反纪律，顶撞老师，结果被遣回家，惩罚是两个星期不许上晚自习，等他在家反省好了再回去。我几乎不知道他竟然变成了这样。

表弟读的是市里的重点高中，课业在高一就抓得很紧，两个星期不上晚自习，舅妈怕他落下课程，以后跟不上。虽然舅妈很着急，但当事人却偏偏很淡定，很不以为然，于是我就变成了游说的黑脸。

我18岁之后，去了挺远的地方读大学，只有寒暑假回来。我们一家人还是会在外公家吃饭，但也是匆匆一聚。家族庞大，三姑六婆七嘴八舌的话也多，有时候我连话都很难和他说上两句，就算说，也是不痛不痒的。

我来到表弟家的时候，舅妈在厨房剁排骨，砰砰作响。舅妈用眼神示意表弟在房间里，让我好好跟他谈谈。

我敲门进去，第一眼就看见了那个横贯整个墙角、有成年人长、小孩儿高的架子鼓，以及电贝斯、吉他……这些乐器占了房间大部分的空间。我不由得惊叹：

"你哪里买了这么多乐器，你是要组一个band（乐队）吗？"

"你管我！"（叛逆青少年的标准答复）

我踱步到他跟前，电脑正在播放一个自学吉他的视频，我瞅了一眼，不走心地回答他。

"好，我不管，那你说说，你还读不读大学？"

"当然读啊。"他理所当然地回答。

"你读？就你现在这个吊儿郎当的状态，还想读大学？"

"不行吗？"

"听说你被老师遣回家了？"

"什么遣回家！这么难听，是×××（他班主任名字）看我不顺眼，才让我回来的，回来正好，我也不想去上晚自习。"

"啥？你还不想上了，高一正是打基础的时候，你现在不努力学，高三的时候会很辛苦的……老师是为你好，你就这个态度，老师见到你怪不得烦你喔……都打电话让家长领人了，丢不丢人啊……想当年你姐我也是这么过来的，你又要步我后尘……"

不知道为什么说着说着我就开始以过来人的姿态自居，我在他这个年纪的时候最讨厌的就是那些以长辈经验来劝告后辈的人，真是越长大就越不知不觉成为年少时自己最讨厌的人的模样。

"还是你比较喜欢读技校？如果考不上，读技校，学一门手艺也不错，至少可以养活自己。"

"你好烦啊，跟我妈似的，我又没说不学习，又没说不考大学，我高三努力一下就好了，以我的……"（他支吾了一下。）

"以你的什么？聪明才智吗？你就那么一点点的小聪明，总是自以为是，以后是要撞南墙的！你以为知识积累是天上掉下来的啊，等你高三再努力就晚了，别人都跑远了，你现在抱着侥幸的心理，高考的时候你就要后悔。"（我高二上课时看小说被班主任抓到，被她带到办公室训了一个小时的这段话，我又原封不动地搬了出来……）

"我不想当那些书呆子一样的高中生。"

"那你想干吗？当艺术生吗？不过这也是一条出路，当艺术生很辛苦，你熬得住吗？当你一旦成为艺术生，专业课成绩就要补上来，文化课成绩肯定要掉了。"（表弟文化课成绩不错，我知道他不愿意放弃。）

"我干吗不要你们管，反正最后我可以考得上就好了。"

"是不是你没有受过挫折，所以才那么有恃无恐？"

"是，你受过很多挫折，你很成功，你读大学了，你很快就毕业了，可你实习单位都没有找到，你有什么资格说我？你说你读大学有什么用？！"

我竟无言以对。（谁告诉他这个的？！）为了不输气势，保持一个当姐姐的尊严，于是我又反问他。

"你不读大学有什么用？！"

"我有，我梦与想！"

"好，那你的梦与想是什么，说来听听？"

"不告诉你，反正你们也不懂。"

…………

我沉默，他也沉默了。我开始觉得舅妈找我来劝说他的决定是个错误，因为我无法推敲出他现在的想法，我已经是半个社会人的思维，我考虑的事情都在如何更好地存活下去的范围，而他或许还在有梦想就一路狂奔走到黑夜也不怕的阶段，我知道我和他的谈论已经崩裂了。

都说要想和青春期的孩子交流，必须要走进他们的世界，明明很多人都是从这个世界跌跌撞撞地走过来的，可是长大了我们却忘记了回到那个世界的道路。

我深呼吸了几下，怕我的驴脾气和他的驴脾气会碰撞出激烈的火花，毕竟他已经不是小时候，要打架的话，我肯定不是他的对手。我尝试从别的方面入手。

"什么时候开始玩吉他的？"

"初三。"

"怪不得中考考砸了。"

"又来，要是这样我就不说了。"

"好好，我不说了，你说你的。"

他慢慢地说为了买吉他和其他乐器他花了好多零用钱的事情，我聊起我大一"三下乡"时在半夜和队长还有几个队友在天台自弹自唱的情景，我们的对话又向着一个异常和谐的方向进发。

我再一次问到他刚刚说的梦与想是什么。他还是犹豫了一会儿，但是态度没有刚才那样决绝，他和我商量条件。

　　"好，我说，但是不许笑，也不许告诉别人，包括我爸我妈。"

　　我点头，为表示我的诚意，还三指发誓。

　　"我喜欢音乐。"

　　"嗯。"

　　"我想去当歌手，在酒吧驻唱或者流浪的那种。"

　　"嗯。"

　　"我想走遍中国，我想出去看看，如果有机会我还想环游世界。"

　　"嗯。"

　　我又一次无言以对，他15岁已经对自己的将来有确定的目标和追求，并且开始规划，他那么有想法。而我15岁的时候在干吗？在看脑残的青春小说，看脑残的偶像剧，奋力地准备中考？我忘记了，反正我没有那么大的目标，估计最大的目标就是考上高中，考上高中之后，最大的目标就是考上大学，现在我大学又快要毕业了，我变得没有了目标。

　　15岁的他自学了吉他和电贝斯，架子鼓是最近才弄来的，还不太熟练，而且比较扰民。因为他家在小区里面还住在7楼，所以他打算搬到他那些同样爱好音乐的同学家里的旧仓库去。他竟然喜欢那些在我看来枯燥得可以让人昏昏欲睡的吉他、贝斯、架子鼓的教学视频，可以看得津津有味。

　　我知道他会打篮球，而且对篮球也有狂热的喜爱，经常在周末约班上的男生去打篮球。也喜欢游泳，所以才黑得那么均匀。学习成绩不差，有点倔，话不多，在他这个年纪的女生看来可能是酷。他还长得高，按照这个节奏，我想他在班上人气不差，还可能很受欢迎。

　　最后我颇为八卦，朝房间门口瞅了眼，舅妈并没有在偷听，才贱兮兮地问他：

"哎，有没有女生暗恋你，或者给你递情书，还是已经在拍拖了？"

他以最快的速度给了我一个有点无语、有点不屑、有点窘迫、有点看傻子的眼神，甩下了一句：

"神经病！"

"哎……你们两个出来吃饭了。"我们应声，他站起来，放好吉他，自顾自地走向厨房。我跟在他身后，他现在比我高了一个半头，不知道什么时候他开始长个子了，我觉得他长高不是一点一点地，好像是一夜之间的，仿佛雨后春笋，而笋最终会变成坚硬的竹子。他长得太快，把肉都抽没了，在我记忆中稚嫩、圆润、肉嘟嘟的脸，也开始有了男人分明的棱角，眼睛变得有神，嘴唇上也有了细小的绒毛。唉，青春，青春多美好。

晚上吃过饭，在洗碗的时候我给舅妈汇报情况，让她不用太紧张，表弟有自己的想法，这个时期的孩子逼不得，得他自己醒悟。舅妈将信将疑地点头，可能更加好奇我怎么谈了个话之后就和表弟站在了同一阵线。

走的时候与表弟道别，我还得踮着脚尖拍拍他的肩膀让他好自为之，又装出过来人的姿态和苦口婆心的样子。

下了楼，取了自行车，借着路灯骑车回家。一盏一盏的路灯就像一座一座的孤岛，它们从不相逢和相交，直挺挺地立着，偶尔有几盏是不亮的，或者亮出特别奇怪的颜色。可是有什么关系呢，因为它们依然能够为黑夜带来光芒，令前行者安心。

我以前读初三的时候，班上有一个戴眼镜的小胖子，人有点贱贱的，嘴巴不饶人，女生都不喜欢他，我闺蜜更是讨厌他到了极致，用她的话说就是恨之入骨。因为他坐在我闺蜜的后面，不管是上课还是下课，总是有事没事地拉她的头发、衣服。这么多年过去了，我闺蜜一说起他来总是咬牙切齿，恨不得把他拉去人道毁灭。

然而一年前的暑假，小胖花了两个月的时间，搭车去了趟西藏，之后他加了我微信，和我聊了一晚上。他说："你们总是以为我嘴巴毒，其实那是因为我很自卑。一个胖子，不想被欺负，于是我只好武装自己，让你们不要伤害我。那个时候我真的很喜欢×××（我闺蜜名字），可是我不敢去表白，但是又抑制不住自己想要引起她关注的心情。"

我问他："那你现在还喜欢她不？"小胖发了一个贱兮兮的奸笑表情过来，我正想打一段话说我闺蜜现在已经有男朋友了，让他别想太多，可是他打字比我快，接着就又发来一句话："我有女朋友了。"

加了他之后看他发的朋友圈，小胖已经不是当年的小胖，他长高了，身形修长了，肥肉变成了肌肉，虽然看不出胖了，但绝对高大壮。而且他现在是一个每年拿着八千块国家奖学金，在学校担任学生联合会会长的人。他的微信个性签名一直都是马云关于大学生创业演讲上那一句红遍网络的话，"梦想还是要有的，万一实现了呢？"

韩寒在"2012湖南卫视成人礼盛典——远行"里说："不要怕被人嘲笑，做好你自己。"15岁的少年，愿你日后可以梦想成真，以梦为马的日子，厚积薄发。

用勇气改变可以改变的，用度量接受不可以改变的，用智慧分辨二者的不同，才能适应周围环境，始终保持快乐的心情。我们无法阻止已发生的事，但可以改变那些事情对现在生活的影响。理想很丰满，现实很骨感。人要有梦想，但也要面对现实。因为现实就摆在我们面前，不容你逃避。

你想得越多，顾虑就越多；什么都不想的时候反而能一往无前。你害怕得越多，困难就越多；什么都不怕的时候一切反而没那么难。这世界就是这样，当你不敢去实现梦想的时候，梦想会离你越来越远；当你勇敢地去追梦的时候，全世界都会来帮你。

因为奋斗过，青春才显得弥足珍贵

万花筒般凛冽的露骨的青春，总是在现实面前不得不低下高傲的头颅。即使很亢奋，即使很哀怨，即使很委屈，为了生活也不得不让一颗原本万籁俱寂的心变得有些波澜。

看着自己写过的文字，咸咸的淡淡的愁意晕染开来。

文学之路漫漫，因为热爱，所以凭着这个动力走到了今天。没有人看，写给自己看；没有人喜欢，自己给自己鼓掌。

你说："只要热爱，就勇敢地追下去，总会有结果的。""是吗？"我还疑惑地问你。

循着热爱这条小道我慢慢地往前走，每天读书，积累点知识，为写作积累素材。逐渐地，写作水平没怎么提高，习惯倒是养成了一个——每天必须得读书，一天不读书就像没有吃饭饿得发慌一样。有一次，我因为回家坐车很累忘记读书，睡觉睡到半夜坐起来找了本书读了几个小时。

写作一段时间之后，就想尝试着向报纸杂志投点儿文章试试运气，也许就是运气吧，过了一个多月我很意外地收到了一家杂志的样刊。看到我的文章印在了散发着浓浓的墨香味的纸上，欣喜若狂的我开始了又一轮的幻想。也许，生活就是这样，让你吃点甜头然后你就天真烂漫地以为以后就会一帆风顺，然后就是狂轰滥炸般的挫折，像炮弹一样向你扔来，哪管你是否承受得住。恒久不变的定律在你这里怎么可能被打破！

可是惊弓之鸟般的我还是渴望着有一片能容得下我的梦想的乐土，在那里，不论我的文章是否被认同，可是大家就是乐意看，甚至觉得我写的字能成为他们的心灵治疗师。其实这样依然是种奢望，不过我会一直努力。

记得在高一的时候，有一次我看了毕淑敏的《今世的五百次回眸》之后，手心里痒痒得就想拿笔写。说写就写，我花了一下午的时间写了一篇以"今世的五百次回眸"为标题的散文。我还很自豪地给旁边的人看，谁知道他不解风情，还说我写的一点都不好，讽刺我的文章登不上杂志。

当然了，我也很清楚，以我当时的水平写出来的文字怎么能够登得了大雅之堂。我是有骨气的，然而还是很没有气概地哭了。记得当时我哭了好久，好朋友来劝我都没劝住。我只是觉得为什么不相信我呢，我真的有那么差吗？我不信啊，我不相信自己的文学梦是一种另类的幻想。所以我就很认真地上语文课，记下语文老师说的每句话，我就是想证明给一些人看，你们对我的全盘否定日后必定会成为我反击你们的绝密武器。

当时年龄小，天不怕地不怕，以为说大话就能吓怕所有人。

后来每每被老师夸奖文章有进步，心里还是乐开了花儿。这更加坚定了我的梦想。

我更加投入地写文章，写小说，给各家报社、杂志社投稿，不管有没有回音，就只是尽管投。多投一点，希望就大一点。没有人知道，在追求梦想并为之奋斗的时候我就像是无头苍蝇，在人生的道路上横冲直撞。

越坚持下来越能感觉到力不从心，有时候即使你很努力，没有伯乐发现，千里马永远也只是一匹普通的可以任人使唤的马。

经历了许许多多，可是我还是坚持着我的文学梦、我的作家梦。

现在偶尔发表文章，心里还是会很幸福。

如今的安稳总是带着些酸楚的滋味，我想这就是青春吧。

当初为了梦想很努力很努力地奋斗，即使现在没有功成名就，没有锦衣玉食，那些华丽、富贵、奢侈、暴殄天物的生活仍离自己十万八千里，可心里没有觉得对不起任何人，依然感觉洒脱幸福。因为奋斗过，所以青春才显得弥足珍贵。

不甘心就不要放弃啊，看不过去就起来改变啊。要么就证明自己的能力，要么就闭嘴接受现实。好走的路都是下坡路，失败是可以接受的，但是没有奋斗过的失败是没有借口的。

不论现实多么残酷，总有一些人会始终坚持。不管爱情还是梦想，或者其他一切，只要你坚持，你守得住寂寞，你受得了孤独，你在生活面前骄傲地抬着头，就会发现，现实就是欺软怕硬的无赖。如果你在它面前退缩，它就会逼着你一直退缩；如果你一往无前，它拿你一点办法都没有。

只要一往无前地坚持
梦想，困难就会为你让路

出远门，来来去去十几个小时的车程，实在无聊，便翻出一些老电影看。一口气看了《同桌的你》，看了《匆匆那年》，很青春的故事，很相爱的两个人，以为会天长地久，最终却莫名其妙地分手，电影把这一切缘由推给现实。没办法，现实如此啊，在强大的现实面前，多么地动山摇不可撼动的爱情，都会变得不堪一击。

这个理由好合理，竟让人无言以对。不管是爱情还是梦想，或者其他一切，当它莫名其妙失去的时候，一句"现实如此"，一切便都有了让人同情的解释。不但电影如此，生活中，这样的例子更是比比皆是。

朋友小A毕业后一个人北漂，她对未来充满了繁花似锦的想象，她要在那个有无限可能的城市里，找一个体贴温暖懂她爱她的好男人共度此生，还要靠自己的聪明才智和辛勤努力，成为金光闪闪的职场女神。爱情事业双丰收，这样的人生，才带劲，才是她孜孜以求的。

在那个大到无边无际的城市里，她住过地下室，终年不见阳光，也曾加班到深夜，不敢独自回家，在办公室里将就一晚。受过许多白眼，挨过许多批评，被同事排挤过，被领导打压过。但是，无论生活多么艰辛，每次看她微博，都充满了昂扬的斗志，她像一个战士，在城市里冲锋陷阵，过得艰难而坚强。

这样的小A，真的让人好喜欢，每当我对未来产生怀疑的时候，我都会到她微博里去找找动力。我觉得像她这样的孩子，一定会实现自己的梦想，即使不能实现，一直走在通往梦想的路上，人生也处处都是希望的阴凉。

可是前段时间，小A忽然不更新微博了，在微信上联系她才知道，她要嫁人了。哇，她终于找到了心中的男神吗？刚咧开嘴想为她高兴一番，后面的剧情立即打得我措手不及。

她说，她即将要嫁的人，是一个中年男人，她不爱他，他也不见得多爱她，只是觉得她青春貌美，可以填补生活的空缺，拿出来也不丢面子。

我大惊，问小A：既然不爱，干吗要嫁？何必这么委屈自己？小A说：没办法，这就是现实，我一个人真的撑不住了，我想找个肩膀靠靠。可现如今肩膀那么难找，别说温暖贴心懂她爱她，就连一个稍微像样点的男人都是稀缺物。她没钱没势，没房没车，长得也不是女神相，在两性市场上，实在没什么优势，对另一半的要求降低了再降低，最后，就降低到只要有人愿意娶她就愿意嫁的地步。

和小A聊完天，我感觉自己整个人都不好了，又是一个被现实打败的人。现实，难道真的就那么可怕吗？

好像想得挺可怕的，就比如朋友小V，喜欢绘画，大学时就尝试给杂志投稿，插画也陆续登上了某些杂志。这让她的梦想像泡了水的馒头，不停地膨胀。其实她的梦想很简单，就是要成为一名插画师，画很多美丽的插图，赚足以让自己过上好日子的钱。

毕业后，大家都顶着烈日，像狗一样竖起灵敏的鼻子，到处寻找工作机会，她却把自己关在出租房里，不停地画，不停地画。那时我们都好羡慕她，羡慕她正在为自己的梦想而努力，我们大多数人，连努力都不知道从何做起，至少她目标清晰。

那两年，她真的过得很艰苦，插画的收入根本不够维持日常生活，常常要靠朋友接济，还得辛苦地瞒着家人，每次打电话，都要编造自己在某某写字楼风光鲜亮的谎言。她焦虑，失眠，长痘痘，掉头发，同时也不停地希冀着。

我们都觉得，这样努力的小V，一定会成为一名出色的插画师，等她功成名就时，可能我们这些人还在灰尘里打滚呢。

可是两年后，小V忽然宣布，她再也不画画了，画画没有想象的那么美好，这条路太难走，荆棘丛生，已经刺得她伤痕累累。她需要生活，她需要挣钱，她需要过上鲜亮的日子，所以，她决定出去工作，做一个勤劳的小白领，虽然不能发家致富，好歹能够自力更生。

我们都替她惋惜，但是她说，现实如此残酷，梦想不值一提，在强大的现实面前，所有梦想都显得幼稚而可笑。

然而，真的是这样吗？我们真的必须在现实面前低头，必须接受被现实打败的命运吗？

我知道有一些人，在残酷的现实面前始终坚守，然后获得美好的爱情，实现了当初的梦想。你随便去看一看那些成功人士，哪一个不曾在现实里跌得头破血流过？但是，跌倒了他们爬起来，始终不向现实屈服，最终，他们得到了自己想要的一切。

小A在现实面前把自己匆匆托付了，但我知道作家周冲，在现实里跌了很多跟头，三十多岁时，终于等来一个懂她爱她肯给她自由的男人。小

V在现实面前把梦想扔到一边了，但我知道插画师夏达，她曾把自己关在出租屋里，像苦行僧一样，以为会熬不过去，但她不肯放弃，最终，让梦想闪亮。

不论现实多么残酷，总有一些人会始终坚持。不管爱情还是梦想，或者其他一切，只要你坚持，你守得住寂寞，你受得了孤独，你在生活面前骄傲地抬着头，就会发现，现实就是欺软怕硬的无赖。如果你在它面前退缩，它就会逼着你一直退缩；如果你一往无前，它拿你一点办法都没有。

真的不要再拿现实当借口了，所有被现实打败的人，都是因为不够坚持。

拥有独立的人格，懂得照顾好自己，在事情处理妥帖后能尽情地享受生活。不常倾诉，自己的苦难自己有能力消释，不因小事随便发脾气而久久不能释怀。内心强大而能生出一种体恤式的温柔，不被廉价的言论和情感煽动，坚持自己的判断不后悔。愿你成为这样的人，一个最棒的人。

CHAPTER 03

每一个逆境，
都是你命运的转折

不要把苛刻当作刁难，

而当作提升自己最好的训练；

不要把他人的推卸当作负担，

而当作机会。

要乐意承担，

做得越多自己的能力就越强。

命运中没有偶然，

一个人遇到的顺境、逆境，

完全是由自己创造出来的。

一个人如果不逼自己一把，永远不知道自己有多优秀。每个人都有潜能，一个人的成长，必须通过磨炼。有时候，必须对自己狠一些，否则永远也挖掘不出自己的潜力。

逼着自己去成长，才能看到海阔天空

昨天和朋友柚子逛街，聊到她目前的一些困扰。

柚子是一个不太善于沟通的人。工作上，她很少主动和带自己的法官沟通，每次都只是默默完成交代的任务，再无交流；进修时，她去参加讲座，她有问题想问，都已经在脑海里组织好语言了，现场人也不多，她却没勇气开口。

柚子的困扰，让我想起一位前辈——张小姐。

张小姐是某公司的经理，40不到，玩得一手好基金，房地产买到了美国去。在几百人的剧场里做分享，她谈笑风生，一副游刃有余的样子。

她对我们说："无论在何时何地，你都要想办法让别人记住你，而且最好永远忘不掉你。"

我被这句话触动了——当时，我一直在寻求提高存在感的办法。尽管那时候我都不太敢举手，却还是强迫自己向她发问："有一些人天生不善于表现自己，该怎么办呢？"

张小姐闻言，给我们讲了她的故事。

其实，她也不是天生爱表现的人，性格比较内向。在工作的前几年，她不爱出风头，一想到被众人目光聚焦的感觉，心里就七上八下、紧张不已。她很少表达自己的观点，因此存在感极低。

有一次，她和同行小柯因为业务上的关系结识了。

她和小柯提起："其实，我们一年前就一起参加过一次培训。"

小柯一脸迷茫，努力回忆了一下，还是坦诚地表示不记得了。

张小姐心里有点失落。

她突然意识到，自己工作两三年来，一直在原地踏步，正是因为她从来不"逼"自己去当众表现——你从不表达观点，别人就不会知道你的看法；你从不发言提问，别人就会忽略你的存在。

没有人会注意你，没有人会赞扬你，没有人会羡慕你。

你就这样被忘了，即使已经工作了两三年，在大家眼里也不过只是个可有可无的透明人。

张小姐所在的企业是一家跨国公司，时常要开远程会议。以前每次开会，她从不过多发言。通常是总部代表讲完后，问还有什么问题不清楚，其他七个国家的代表依次提问。最后总部问中国代表有没有什么意见。

这时候，问题差不多都被其他人问完了，张小姐只能说"没有没有"。

不甘心永远这样沉默下去，张小姐下定决心，逼自己改变。

她暗暗给自己定下任务——每次视频会议，一定要抢在第一个提问，哪怕只是问"刚才讲到的×××能再解释一下吗？"

从一开始的头皮发麻，到后来越来越自然流畅，张小姐渐渐喜欢上了积极表达的感觉。

起初，她很担心自己的提问会没水平、被别人笑话。但后来她发现，如果逼着自己提问，就会下意识地更认真地去倾听和思考，最后提出来的问题，往往也很有质量。

因为逼着自己去表达，她在同事的眼里，逐渐从"啊，我想想，她人还不错吧"的小透明，成长为"很有想法""很有见解"的业务骨干。

有时候，人要逼着自己去成长。

张小姐对年轻人的奉劝是：永远选择不安定的一方。对人生方向犹豫不决的话，就往变化激烈的一方走。逼着自己离开舒适区，你才能快速成长。

说到该选择什么样的职业，张小姐甚至开玩笑说："千万别选爸妈让你选的工作。"

譬如，她就没有听爸妈的话，在当地谋一份铁饭碗，做一成不变而毫无挑战性的工作，而是选择进入竞争激烈的外企，逼着自己每天快速学习、边学边用，每天都在逼自己迎接挑战，每天都在突破自己、超越自己，一天天地成长起来。

某品牌亚太区总经理董先生，也有着类似的心得。

董先生的人生转折点，发生在34岁那一年。

在此之前，他只是庞大集团的一颗小小螺丝钉，薪水勉强能供给妻子和刚刚出生的孩子。

2000年时，公司想要外派总部员工开拓中东、非洲等空白市场。当时，候选人除了董先生外，还有几个和他资历相仿的同事。

包括董先生在内的几位候选人都犹豫着，外派虽然是升职加薪的跳板，可也意味着要背井离乡，在陌生的国度东奔西走，还时刻顶着单枪匹马开拓市场的巨大压力。

其他几个人最终选择放弃这个机会，而董先生决定逼自己一把，把自己推出舒适区，踏上了外派之路。

当时，公司没给他一兵一卒，他只身上任，一个人拿着行李就去了阿拉伯。

7年外派，他飞来飞去，以至于早上醒来会不知道自己在哪里。

他在印度做行销，办road show（街力销售），租了三辆卡车，让使用者到卡车上体验产品，如果觉得好就用卡车把他们载到附近店里去买。以这样的方式，他亲自跟着卡车，跑了印度足足81个城市。

这7年时间里，他帮公司打开了阿联酋、伊朗、以色列、哈萨克斯坦、乌兹别克斯坦等国家的市场。

外派回国后，他成为公司的亚太区总经理，令人信服。

在贫穷落后的印度，在纸醉金迷的迪拜，在各种巨大的文化差异下，他经历过艰难，忍受过孤独，也是有过退却之心的，但他逼迫着自己坚持下去，继续披荆斩棘、开疆辟土。

不逼自己一把，你永远不知道你有多优秀；不逼自己一把，你永远不知道自己有多大潜能。

很多优秀，就是这么逼出来的。逼自己不要懒惰、不能胆怯、不准退缩，逼自己从舒适圈里走出去，让自己在一场场硬战中日趋成熟。

面对人生抉择时，退一步，并不会海阔天空。你一次次退让，其实是在拱手交出对生活的选择权。你不逼迫自己，到了最后，就只能为生活所迫，被动地束手就擒。

我也问过自己：总是逼着自己，那人活着到底是为了什么呢？

前段时间，我采访了几个瘦身成功的妹子。其中一位3个月瘦了30斤，骨骼肌从22.5公斤上涨到24公斤，胸部从C杯升到了D杯。

减肥的那3个月里，她逼着自己每天下班后，7点赶到健身房，拉伸到8点，有氧运动45分钟，再拉伸到9点，回到家已经是10点。有的时候要加班，她就约一大早7点的课。

公司发蛋糕，她把蛋糕分给所有人，自己不敢吃，眼巴巴地问同事好不好吃。

加班时叫外卖，同事点了麦当劳，她就只敢点一份土豆泥，用水泡过后再吃。

　　她说："我想试试看，这么多年来，我究竟能不能坚持下来一件事。"

　　逼自己坚持3个月，当然不容易啊。可是瘦下来以后，就可以穿腰身尽显的好看裙子，就可以在自拍时不用拼命找角度，就可以不经意地晒晒锁骨和人鱼线……

　　你现在逼自己做不想做的事，是为了将来能尽情地做想做的事。

　　现在的你，逼着自己去成长、去变成更好的样子，把握人生的主动权，将来才不会为形势所迫，被驱使着艰难前行。我们逼迫着自己努力，是在为将来争取随时任性的权利。

　　有时候，人要逼着自己去成长——别偷懒、别胆怯、别退却。"进"一步，才能看到海阔天空。

　　那些任性的、天真的人，是幸福的，因为身后有别人去包容这份任性，保护这份天真。那些懂事的、世故的人，不是天生就是懂事的、世故的，而是被生活逼迫成这样的。其实，每个人都渴望活得任性、天真。只是，有的人只任性一阵子，有的人能任性一辈子。

如果想快乐地生活，就要学会一切随缘，做平常事，做平凡人，保持健康的心态，保持平衡的心理。如果我们能以一种美好的心情来对待每一天，那么每一天都会充满阳光，洋溢着希望。

不被绝望吞噬，必会迎来光明

前几天，我丈夫回家，告诉了我一个好消息——林小军的儿子考取军校了。

这可真是一个振奋人心的好消息。

林小军是我丈夫的战友，来自农村的贫寒家庭。入伍时，林小军就是怀揣着军校梦到部队的。到部队后，第一次考军校，差了三分；第二次，差九分。当时，林小军从连部三楼跳下去的心都有。

后来，林小军接受现实，去读士官学校。其实他心里还是有自己的想法的，希望能像有些优秀的士官一样，凭自己的工作能力提干，成为军官。

林小军从士官学校毕业之后，回到老连队，由于自身确实具备一定的能力，最主要的还在于踏实肯干，所以在连队迅速显得出类拔萃。工作了几年，他就作为士官提干的对象被报到了上级机关。

老天爷似乎在开玩笑。在审核所有待提干人员的材料档案时，林小军的档案被发现有问题——涂改过。凡是档案有涂改痕迹的，统统不能提干。林小军没想到自己会败在这一关上，也不相信会是这一结果。后来弄清楚，是入伍时，乡武装部的民兵填写错了又涂改的。但是，那一年的提干机会也过去了。

处里的领导是真心想帮帮这个踏踏实实干活的老士官，让林小军回老家武装部写份证明材料。林小军费了九牛二虎之力，拿到了那份加盖了鲜红大公章的证明。

第二年，处里又将他作为提干对象报了上去。审核时却被告知，对于这一年的提干政策而言，林小军超龄三个月。

大门，从此关上了。

林小军的这个遭遇，很多战友都知道，也都当面背后地为他抱不平。可是，却从未听见林小军自己说过半句牢骚或是抱怨的话。其实，有什么好抱怨的？抱怨又能有什么用？

在一篇文章中读到过这样的句子："一个人心有不平，他就会抱怨、评判，就会以一个完美的准则来评判周围的事物，尤其是评判周围与他相关的一些事情，这样他满目所及的可能都是不公平。"

如果一个人眼里只有不公平的事情，而见不到美好的事情，他就有可能什么也不做，只是抱怨，将抱怨当作改变现实的手段。这种人，通常被称为"祥林嫂"，说得好听点，被称为"批评家"或"评论家"。

不论哪种称呼，这种人在家庭里也好，在社会上也好，都不会是受欢迎的人。

林小军显然不是这种人。

有一年冬天，林小军回家休假。

林小军的一个亲戚在县城开了一间牙医诊所。亲戚邀请林小军去他的店里说是给他介绍个女朋友。林小军按约定的时间来到牙医诊所，姑娘却并未如约而至。林小军那天也并非一无所获，在亲戚的牙科诊所，他邂逅了一位清纯漂亮的年轻姑娘。

那姑娘是一位小学语文教师，那天过来看牙。林小军高大、健壮、英俊，兼具军人在姑娘面前的天然呆萌、羞涩，以及军人特有的细心与体贴。一周后，姑娘就带着林小军见家长了。

二人发展迅猛，如胶似漆。

可是，林小军归队的日子也迅速到来了。据说，上了岁数的人谈恋爱如同老房子着了火，来势凶猛。这我没见过，但林小军谈恋爱的火势迅猛的架势我却是目睹过。

这林小军虽算不上是老男人，却也是年届而立，他的同年兵们，孩子都已生出来了。长期生活在雄性生物扎堆的地方，未曾亲近过异性，猛一见到这么一位可爱可心的姑娘，可不就燃起了熊熊烈火？

恋爱中的人都是诗人，这林小军原本文采就不错，一天无数封信，可还是解决不了相思之苦，于是要求他的女朋友来队探亲。

他的女朋友当然难以从命，她是个老师呢，岂能说走就走？林小军赌气道："你若不来，就等着收尸吧！"他的女朋友没办法，只得请假来到相思病晚期患者林小军的身边。

欢乐的时光总是飞逝。转眼林小军女朋友的假期已到，这天下午的火车回家乡。中午两人在林小军的宿舍依依话别。林小军突然又反悔了，舍不得放女朋友回家，还半开玩笑地藏起女朋友的行李。

林小军的女朋友说："不让我走，我就从阳台跳下去。"

年轻人总是玩性大。他的女朋友说着，人已到了阳台上。唉！年少轻狂。林小军的单身宿舍在二楼。女朋友趴在阳台上往下看，发现一楼的住户临着阳台的那个房间的门大大地敞开着，真的是大大地敞开着，因为木门的一角都露在阳台外面了。女朋友腿长个高，估计跨过阳台，就能轻轻松松地踩在那扇木门上面。从一楼的木门上面跳到楼下的水泥地上，那就更是轻而易举了。

这么想的，她就这么做了。一楼的那扇木门的门闩坏掉了，住户将那扇门搁在阳台上，等着管理科派人来修呢。林小军的女朋友苗条清秀，身轻如燕，却也有着坏掉的木门不能承受之重。

一切发生在转瞬之间。

林小军一个箭步跨到阳台上准备阻止对象时，只是轻轻地触碰到了她的光滑如丝绸般的头发。眼睁睁地看着女孩儿飘飘然如仙女般坠向地面。林小军发疯般地冲下楼去，抱起昏迷的女朋友发疯般地冲向医院。林小军的女朋友高位截瘫，医生说这辈子估计都得在轮椅上。

林小军的女朋友出院后，林小军就同她领取了结婚证。那年冬季，林小军申请退伍，带着妻子回到家乡。陷入人生绝境，莫过于此了吧？

此后，我们与林小军没有太多联系。

偶尔传来他的消息，倒是越来越好：他妻子的身体恢复得不错，慢慢能坐起来了；慢慢能站起来了，甚至能扶着东西挪动一两步了；林小军的妻子怀孕了；林小军的妻子生了个胖小子！现在，林小军的儿子18岁了，考取了军校！

一个高高大大的棒小伙儿！像他父亲一样，言语不多。问他为什么不考个地方大学，学个企业管理之类，毕业后好帮他父亲打理企业，小伙儿也只是腼腆一笑，没做解释。

强大的人，不一定是能征服什么的人，但一定是能承受什么的人。

强者的人生，必定是经历过绝望的人生。

不被绝望吞噬，战胜它，走过那段岁月，就如同走过黑夜，必定会迎来光明。

一年三百六十五天，黑夜占据了一半，阴雨天占据了一些，晴天终究是少数，包括我的内心也有阴暗的部分。光明无法击败所有的黑暗，就像阳光无法照亮每一个角落，善良无法冲去所有的恶意，真诚也无法解释所有的误解。旅途里不要被坏天气牵绊了，前行吧朋友，你总会遇到心上人。

人是从挫折中去奋进，从怀念中向往未来，从疾病中恢复健康，从无知中变得文明，从极度苦恼中勇敢救赎，不停地自我救赎，并尽可能地帮助他人。人之优势所在，是必须充满精力，自我悔改，自我反省，自我成长，并非一味向人抱怨。

不逃避，勇敢地向自我宣战

[01]

什么叫不认命？

如果只是理解为不肯屈从于现实和现状，矢志努力改变自己的命运，那就错了。

这样理解的人，你可以试着努力一下，很快就会发现，所付出的一切努力，都可能只会是徒劳无功，只留下满腹辛酸，遍体鳞伤，无助于改善现状分毫。

那应该怎么理解呢？

先说个故事。

[02]

大概是5年前，曾有位女老板在香港一所大学讲演，当时极是轰动——但轰动之后，大家就给忘了。

这位女老板原本也是位乡下妹子，读的书不多，性格又温婉，进城打工时，遇到个喜欢她的男人，就嫁了。

嫁人一年，孩子出生，此生只想相夫教子，与世无争。

她在空间里写：现世安稳，岁月静好。

可万万没想到，孩子刚过周岁，丈夫突然翻脸离婚。此前全无预兆，让她措手不及。

实际上，前兆早就有的。女人的心超级敏感，丈夫在外花心，不可能没有感觉。

只不过，她心里想的是忍，是退，是想用孩子拴住丈夫。

但她越是这样想，后果就越是严重。最可怕的是她只想做个与世无争的小女人，根本不过问丈夫的经营情况，结果是净身出户，被扫地出门。

最后时刻，丈夫的律师建议她放弃孩子的抚养权。

她拒绝了。

律师说："你可要想清楚，人家可是个男人，不缺钱。你就不一样，你全家都在乡下，父亲聋母亲瞎，还有一群弟弟妹妹全都靠你养，你拿什么养这个孩子？"

她当时说："我有我的办法。"

实际上，她当时什么办法也没有。

只有颗丧失希望、束手待死的心。

［03］

她说，离婚这件事，终于让她明白过来。

命运这种事儿，不是你认了，就安生了。

你越是认命，越是退缩，命运就越是不放过你。

只有不认命，命运才认你！

［04］

她说，之所以离婚时一定要孩子，就是知道自己没能力抚养。

只想把自己逼到绝路。

她说，她太清楚自己了，只要有一线可能，就仍然像以前那样，往后退缩。退缩到最后，必然是重蹈覆辙。

如果不抚养孩子，她就会选择继续打工，而打工是永远无法改变命运的。最终仍然是心存幻想，渴望现世安稳，有个人来养自己。遇不到这个人，就会终日怨怼，积愤不平。遇到了，多半还是以前这样的结局——如果你自己没有改变，遇到的必然是同样的事情。

带着孩子，就无法打工了，只能背着孩子摆地摊。

［05］

先是摆摊卖衣服，但摊子被一群人给掀了。

改卖其他东西，又被人掀了。

最后改卖菜，卖菜的也是成帮结伙，但她躲到胡同里卖，想掀摊的人，找都找不到她。

摆摊辛苦，最苦的是风吹日晒。她不想让自己的人生在此停摆。每天出门时，就在手和脸上涂层泥巴，即符合底层农妇的悲惨形象，又不至于损伤皮肤。就这样3年后，她在菜市场有了自己的柜台。

她不再直接摆摊卖菜，向上游移动，专职收购新鲜菜，批发给菜贩。

第5年，她在郊乡承包了大棚，向城市提供过冬鲜菜，这笔买卖，会让她的命运彻底改变——可万万没想到，临到节骨眼上，村子里出尔反尔，撕毁合同。一夜之间，又让她回到了起点。

[06]

回到起点也没办法，还得接着来。

她终于意识到一件事，卖衣服也好，卖菜也罢，都只是在一个小小的地方转。而在这里许多人都知道她，了解她，知道她带着孩子不容易——所以对她既充满了同情，又极不情愿让她做起来。

必须扩大圈子，往外跑。

就这样开始她倒腾海鲜。

仍然是这个过程，总是在眼看一笔大生意成交、命运彻底改变之时，对方突然出尔反尔，毁了她的一切。这是因为去了外地，人生地不熟，更容易被人欺负。

她说：被人欺负的次数太多，想没有心眼，已经不可能了。

见多了坏人，就知道该怎么整治他们了。

她讲过一次遭遇，去外地进货，住进了一家极简陋的小旅店。入夜，有个持刀男人从窗户爬了进来。她当时媚眼含笑地迎上前，比对方还急切地爱抚人家胸脯，扒人家的裤子，才刚刚扒到一半，就突然操起枕边的短锤狂敲。那个男人两腿被裤子绊住，打又不好打，跑又跑不动，被敲得哭成泪人。

她说，她真诚地感谢这个眼泪男。

遇到他，才知道坏人更是心怀恐惧。

遇到他，才知道自己已经强大了。

只有不认命，命运才认你。

与其被人欺，不如欺负他！

为表示感谢，她当时照对方脑壳，隆重地多敲了几锤子。

[07]

她说，从那以后，就没什么好说了。

此前，她满心恐惧，软弱至极，只会被别人肆意欺凌。

但当自己比别人强大时，人生突然就简单了。

她赚到了此前想都不敢想的那么多钱，还没有失去昔日的美貌容颜。

然后前夫找上门来，要求她归还未离婚时的巨额债务。

[08]

她选择了一家高档酒吧——就是非常安静、让有钱人静静喝酒的地方，约见了前夫。

听前夫喋喋不休，谈这些年生活的艰难，四处躲债，有时候还被人打。

她听得极仔细，还时不时地追问当时的细节。

最后她幸福地说："知道你过得好惨，我就放心了。"

离婚前债务？去死吧你！

[C9]

但有句话，她才舍不得对这个卑劣的男人说：你之所以越混越惨，就是因为你总是选择最省心的法子，总想躲进自己的人生舒适区里。

可你越躲越缩，你的人生舒适区就会越小，生活的压力就越大。当你躲无可躲逃无可逃之时，唯见四面黑暗的高墙，瞬间把你压垮！

[10]

选择面对，而非逃避。

什么叫命运？

命运这东西，无所谓有，也无所谓无。正如脚下的路，走出去，就是你的人生。不敢走而缩回来，就是你的命运。

命运，不过是我们自身的选择。就如这位女老板，当她选择逃避、选择退缩之时，就丧失了人生的主导权，无论生活给她什么，她都只能无可选择地接受。这就构成了她的宿命。

反之，当她选择行动、选择主动时，命运就完全不一样了。这时候的命运，就好比深夜持刀爬入女老板窗户的男子，你吓得瘫了，他就为所欲为。你没吓瘫却把他给弄瘫了，哭成泪人苦苦哀求的，就是他了。

[11]

可能你会说：道理我都懂，就是做不到。所以我只能委屈自己，顺从别人，只希望自己努力完美。完美了，别人就喜欢自己了。

完美的人生，绝非是顺从。顺从不过是再一次地畏缩逃避。就这样放弃选择的权利，就只能央求全世界保护你，不来逼迫你。但软弱只会纵容他人的意志扩张，迫使别人伤害你。

坏人是好人惯出来的，软弱的人一如软皮蛋，刺激别人都来捏你一下。现实的压力并非固定值，你越软，压力越大，只有当你强大起来，压力才会荡然无存。

人生最大的悲哀，就是蜷缩于心理舒适区之内，舒适区越小，就越是艰难，越是努力。但这种努力，不过是在外因不变的情形下，无数次重复同样的行为，却期望得到不同的结具。徒劳与无效，只会让幻想破灭，希望落空。

许多人终其一生的努力，不过是逃避挑战心理舒适区。这是与自我的对抗，只会让自己越陷越深。

与其百般逃避，不如直面相对。

平凡的人需要懂点残忍，勇敢面对心理舒适区之外的霜风冰雪。

每天前行一点点。

走不过去，无非是坎。走过去了，就是前路。道路的尽头，就是最好的自己。

逃避与借口，构成纵横交错的命运荆棘。命运在你手中，荆棘在你心里。最大的敌人，从来不是别人，只是自己那颗不敢伸张权力意志的心。荆棘千里，冰雪交加，不过是自我闭锁的认知。勇敢地向自我宣战，昨日退缩，就会昨日死；今日前行，才会今日生。越逃避，蜷缩的心越是凄苦。走出去，唯见曙光在前，柳暗花明。不逃避，才知道勇者无惧，生命无悔。打开心，才得到花月春风，岁月静美。

人生从来不是规划出来的，而是一步步走出来的。勇敢去做自己喜欢的事情，哪怕每天只做一点点，时间一长，我们也会看到自己的成长。不管你想要怎样的生活，你都要去努力争取。人生因为经历，所以才懂得。只有吃过生活的苦头，经历过许多的事情，再加上自己的修养和悟性，才能做到平和淡泊。

孤独不是给别人机会来可怜你，而是给你机会发现更强大的自己。你不努力，永远不会有人对你公平，只有你努力了，有了资源，有了话语权以后，你才可能为自己争取公平的机会。

命运不佳时韬光养晦，机会来临时一把抓住

[01]

叔叔在我眼中，是个很有智慧的人。说他有智慧，是因为他是家族里智囊型的人物。亲戚中无论谁家工作、创业出现了问题，都会找他商量，谁家有了家长里短的困惑，都会向他请教，而他也总是能给出很中肯并有效的主意，在家族中威望越来越高。

有一天，我奇怪地问他："您怎么这么有想法、有智慧，是天生的，还是后天养成的？"他笑笑说："这不可能是天生的。"我很好奇，又接着非常真诚地问："那您是怎么变成这么喜欢思考问题，而且又这么有想法的呢？您看无论谁向您请教问题，您基本都不需要思考很久就能给出综合而又全面的解决方案。"叔叔思考良久说："真不愿意去想这个问题，太痛苦了。"

这是他的真心话，但是却像在我心里画了一个更大的问号。按常理，听到这种欲言又止的话，不应该再继续问下去了。谁的过往没有故事呢？

谁的心中又没有几件无语凝噎的事呢？每个人心中都有故事。停顿了片刻，我准备换个话题。但是叔叔却接着说："这都是在水深火热里锻炼出来的。如果你感兴趣，我跟你说说我年轻时候的事吧。"

尽管对叔叔的故事略有耳闻，但是能亲耳听到叔叔讲述他年轻时的事，我还是非常高兴的，那会更接近真实。古语说不经一事不长一智，我乐于洗耳恭听，非常想知道叔叔是如何从水深火热的生活中趟出一条路的。

[02]

叔叔年轻时下过乡，他说刚到乡下那天，吃过中饭，就开始点名安排住宿。但是念了好长一串的名字后，仍然没听到叔叔的名字。叔叔非常纳闷，直到倒数第一个才听到自己的名字，原来名字的顺序是按照住宿地点的远近确定的。也就是说，叔叔住的地方离得最远，要步行20公里的路，等于说走到住的地方，要三四个小时，而且基本要天黑了。

等到了住的地方，叔叔才发现住处周围荒无人烟，除了黑黢黢的山就是荒地，唯一看到希望的就是门前的一条河，躺在床上，听着河水哗啦哗啦地淌，很难睡得着觉。早上起来他就看着河水发呆，想想如果待在这里一辈子，人生就毁了。所以他那时候忽然萌发了一个念头：离开这个地方，不能一直待在这个地方种地。

叔叔说，当他有了这个念头之后，他就知道这是个目标，是那个时候最迫切希望实现的目标。有了目标，一有时间他就开始搜肠刮肚地想办法。首先想到的是家里人和亲戚，但是当时父母的境况都很不如意，如果有办法，也就不会让他下乡了，所以家里人这条路是没指望了。朋友中更没有什么出路，而唯一的出路，只能靠自己，靠自己的力量离开大山。

于是叔叔就采取行动，他开始和周围的人有目的地闲聊，目的就是想问出如何才能离开这里，闲聊就是不能让别人看出自己有想离开的想法。他首先找到的闲聊对象是房东老婆，然后是房东。他了解到，小队长只是管分配任务的，大队长能决定的任务也有限，根本不能把自己调出去。而关键的人物是公社书记，只有书记才有调派人员、分配工作的权力，所以只有书记才是决定他命运的关键人物。

[03]

叔叔弄明白了之后，就利用种地之余，找各种机会往公社跑。首先要知道谁是公社书记，然后再借机会跟公社书记混个脸熟，再到能说上几句话，再到能聊些实质问题。终于有一天等到书记问叔叔是哪个小队的，叔叔这才有机会递上话，介绍自己的情况。叔叔找了合适的时机顺便问问工作安排和调动的可能性。当然，书记也只是客套地安慰叔叔，年轻人要踏实肯干，先好好工作再说。尽管如此，叔叔仍是没放弃机会，有空就往公社里跑，一来见见世面，二来聊聊家常寻找机会。都说机会是给有准备的人准备的，叔叔终于等来了改变他的第一个机会。

有一天，公社书记见到叔叔，问他懂不懂电工知识，说现在县里非常注重安全，想安排一个人给公社的人讲解用电安全知识。叔叔觉得这是个机会，虽然中学学过物理电学知识，只懂得皮毛，但是为了获得这个机会，就说稍加温习肯定没问题。公社书记就说让他准备准备，过几天来给讲讲看，好的话，这个工作就由他来做。

叔叔如获至宝，回到家，赶紧跟周围的人借了电工知识的书熬夜恶补了几天，并虚心向周围懂用电知识的人请教。叔叔说凭借他的努力，在第一次给公社的人上课时就获得了大家的好评，所以公社书记也顺理成章地把这份工作安排给叔叔。叔叔再也不用天天扛着锄头、铁锹上山种地了。

他白天休息，只需要在晚上给大家上上课，就可以和大家一起挣工分了。

再过了段时间，叔叔发现了新的工作机会——木材管理员。因为叔叔迫切地希望离开穷乡僻壤，所以也非常努力地工作，他把木材管理得井井有条，各种台账记得清清楚楚。上级下来检查时，对叔叔的工作赞赏有加，夸叔叔的木材管理得非常有特色，比其他公社管理得都好，所以叔叔很快又获得了管理站站长的职务。

当跟他一起来种地的很多人还在种地，抱怨命不好时，叔叔已经是一位管理者了，是他们那批人中职务最高的一个。很多人羡慕叔叔命好，问他是不是有关系时，他都理直气壮地说：没有，就是靠自己。

[04]

我也佩服叔叔很厉害。那时候，下乡的人都希望早点脱离苦海早点回家，但是大多数人都仅是想想而已，并没有采取行动。但叔叔不光有目标，还付出了行动。叔叔说："现在回想起来，最重要的就是：一要有清晰的目标，我当时的目标就是要换个环境；二就是尽自己所能把工作做好，否则一旦机会来了，如果是扶不起的阿斗也没有用；三就是要物色机会，机会不会自己找上门来，要自己给自己创造机会。"

他说那时候很多人也想离开，但是天上不会掉馅饼，他们没有付出行动，也有人走歪门邪道，结果出了事阴沟里翻船。很多人也很努力，但如果只是努力种地的话，人太多了，机会根本注意不到他。命运不好时，抱怨根本没有任何用处，韬光养晦很重要，但也要讲究战略战术，目标、努力和寻找机会一个都少不了。

这是叔叔用自己的人生书写的智慧，给我留下深刻的启示，要韬光养晦，但要有目标，努力并寻找机会。

虽然他刚才还在说那是段不堪回首的水深火热的日子，想起来就觉得痛苦，但是现在他却能付诸笑谈般的给我讲那段故事。也许叔叔从那些韬光养晦的日子中悟出的哲学是支撑他后来发展的财富，所以他虽然没念过什么书，却一路从工人做到车间主任，再做到公司的管理层。

[05]

这让我想到一个80后朋友，当时他是车间里的工人，夏天累得一身汗，冬天忙得一身灰。当他发现公司外贸业务部招聘懂外语的人才时，就凭着三脚猫的水平毛遂自荐，获得了这个机会。

紧接着，他连报了两个培训学校的外语课程。别人下班回家老婆孩子热炕头时，他把双休日和晚上的时间都用在培训学校的课程上，所以他用了别人一半的时间考取了等级证书，没有辜负公司同事对他的信任，同时他也名正言顺地当起了外贸业务员。

后来，他发现公司平台不够大，就找到上海一家外企高级经理的工作，现如今又跳槽到行业领先的一家私企战略规划部工作。

从原来按指令完成指定的某道工序任务的工人，到现在为产品定义、为技术人员下达指令的战略规划经理，这位80后朋友虽然和我叔叔的时代已经截然不同了，但是他们都能在命运状态不佳时抓住机会韬光养晦，在人才济济的社会为自己谋划出一条发展的道路，用智慧，从水深火热的生活中趟出一条路。

[06]

其实，生活中的我们，当遇到困难或身处困境时，往往倾向于埋怨命运不济，而忘记了韬光养晦。

比如身处两难的婚姻之中，觉得离开有各种顾虑与不安，留下又有各种不顺眼与不舒服，所以这时候，首先应该明确方向，确定何去何从。如果留下，就按留下的思路，韬光养晦，经营自己，提升自己，有了一定的眼界和格局，很多问题自然能够迎刃而解。如果离开，就为离开提前布局，铺好各种关系和道路。就怕很多人身在曹营心在汉，实际上不想离开，却牢骚满腹、抽丝剥茧般伤害感情的美好，于事无补却反受其乱。

再比如工作上不满意，想留在公司，却对公司横挑鼻子竖挑眼；想离开，却恋恋不舍地躺在功劳簿上不做出改变，害怕新企业充满变数和挑战。如果想离开，就按离开的想法去做准备，准备新简历，学习面试技巧，储备跳槽目标企业需要的新知识，接触猎头，物色有竞争力的企业。如果想继续留在公司里，就物色自己能努力抓住的最好机会，韬光养晦，储备企业未来需要的知识与能力，机会一旦来临你才可能抓得住。不然只能像墙头草，很多时间都在犹豫、忧虑和抱怨中虚度。

人生最怕的就是像没有方向的迷途羔羊，东奔奔西走走，虚度了光阴却还在原地打转转。所以确定方向，努力并寻找机会，懂得在命运不佳时韬光养晦，才是人生的最佳选择。

不要去听别人的忽悠，你人生的每一步都必须靠自己的能力完成。自己肚子里没有料，手上没本事，认识再多人也没用。人脉只会给你机会，但抓住机会还是要靠真本事。所以啊，修炼自己，比到处逢迎别人重要得多。

我的心灵告诫我，不要因一个赞颂而得意，不要因一个责难而忧伤。树木春天开花夏天结果并不企盼赞扬，秋天落叶冬天凋敝并不害怕责难。

你不成功可能只是失败的次数还不够

小时候学骑自行车，父亲教导我说，不要害怕摔跟头，等你摔了一百四十多个跟头之后就能学会了。我当时疑惑地看着他问为什么，他回答说自己就是摔了一百四十多个跟头才学会的，听了这话我哑然失笑。不过等到自己骑上车的时候，虽然没有摔到一百四十次，但也着实吃了不少苦头。

人生也就像是学骑自行车一样，每一次成功之前，都必须经历很多次的跟头。胜利是失败的积累，这句话总是不假的。

有这么一个年轻人，20岁那年他从大学毕业，由于各种原因，应聘过程中曾先后被30多家公司拒绝，找不到工作、心灰意冷的他于是想要去当警察，因为当时凭借大学生的身份考进警务部门应该是件容易的事——但是入围面试的5个人中，他又成了被淘汰的那唯一一个。这时他想自己是不是应该从基层做起，先从事一些最基础的工作来磨炼自己，但当他应聘杭州第一个五星级宾馆想做服务员的时候，还是被刷了下来。之后他又和其他23个人一起应聘杭州的肯德基店员，结果在23个录取名单中，唯独缺少的还是他的名字。

这个总与失败结缘的年轻人就是马云，只不过他现在已经不再年轻，随同他的也不再是失败而是胜利。

其实有时候我觉得自己不够成功，只是因为我失败次数还不够多，就像我想要挖一口井，水层在地下的20米，这时即使我挖到地下19米都是失败，但反过来想一想，如果没有这前19米的失败，哪能获得第20米的胜利呢？

哈伦德·山德士先生，直到66岁高龄的时候才获得了事业上真正的成功。这位全世界第一大快餐连锁店——肯德基的兴办人在66岁之前一事无成，总是在一个失败接着一个失败的路途上踟蹰前行。

山德士先生5岁的时候就失去了父亲，14岁的时候，由于和继父的关系闹得很僵，自愿从格林伍德学校辍学，开始了流浪生涯。先是在农场里给人家干杂活，但干得很不开心，不久就被农场主解雇了，接着他又当过电车售票员，也很快就被解雇了。

他在走投无路的16岁时谎报年龄参了军，但想做一名战士的他却鬼使神差地被分配在后勤部门，一天也没碰过枪。

一年的服役期满后，他去了亚拉巴马州，在那里他开了个铁匠铺，但不久就倒闭了。

随后他又在南方铁路公司当了个机车司炉工，他非常喜欢这份工作，以为终于找到了属于自己的位置，但不久之后经济萧条来袭，他再次被解雇了。

18岁的时候，山德士结了婚，但仅仅过了几个月时间，得知太太怀孕的同一天，他又被新东家解雇了。接着有一天，当他在外面忙着找工作时，太太卖掉了所有的财产，搬回了娘家。

山德士的一生就是失败的总和，里面充满了生活上、工作上大大小小的1000多次失败。终于有一天，政府的退休金支票寄来了，一张105美元的支票向他宣告，他老了。

支票附加的信件上对他说了这样一段话：当轮到击球的时候你都没打中，现在不要再打了，该是放弃、退休的时候了。

面对支票和这样一段话，山德士愤怒了、觉醒了，也爆发了。他不相信自己的人生已经结束，要继续奋斗，就算在失败的履历上再添上一笔他也不在乎。他带着一只压力锅，一个50磅的作料桶，开着他的老福特上路了。他开始向每一家饭店推销炸鸡配方，要再向命运挑战，不过这一次他胜利了。

很多人觉得自己的人生无以为荣，那很可能他人生中也没有什么值得让人铭记的失败和挫折。一个人只有经历了足够的失败，上天才可能把成功带到他面前。因屡次失败而心灰意冷的人应该振作精神，将失败化作下一次拼搏的动力，也许下一次拼搏所带来的结果仍是失败，但只要你不气馁，总有一次是能够获得胜利的。

曾经有一个新入行的推销员向成功的前辈们讨教胜利秘诀，这些人的回答无一例外，那就是多失败几次。因为失败的次数越多，摸索的机会就越多，尝试错误的方法也同样越多。这样，了解的错误方法越多，距离胜利的窍门就越近，就是因为失败的次数还不够多，所以还没有方法知道胜利的秘诀。

一位科学家曾表示自己致力于科学发展55年，只有一个词可以道出艰辛的工作特点，那就是失败。所以，胜利者既是胜利者，也是失败者；失败者既是失败者，又是胜利者。

人在失败后表现出的接受力和忍耐力，更能体现人生价值，昭示内心的强大。

你不成功可能只是因为失败的次数还不够多。

没有特别幸运，那么请先特别努力，别因为懒惰而失败，还矫情地将原因归于自己倒霉。你必须特别努力，才能显得毫不费力。越幸运就得越努力，越懒惰就越倒霉，别人看到的是你累，最后轻松的是你自己。努力和收获，都是自己的，与他人无关。

钱离开人，废纸一张；人离开钱，废物一个。鹰，不需鼓掌，也在飞翔。小草，没人心疼，也在成长。做事不需人人都理解，只需尽心尽力。坚持，注定有孤独彷徨、质疑嘲笑，也都无妨。就算遍体鳞伤，也要撑起坚强，其实一世并不长，既然来了，就要活得漂亮！

你是不被这个世界理解的天才

[不被世界理解的天才]

对别的孩子来说，我生在一个爸爸是政府官员、妈妈是大学教授的家庭，相当于含着金钥匙出生。但这对我来说却是一种压力，因为我并没有继承父母的优良基因。

两岁半时，别的孩子唐诗宋词、1到100已经张口就来，我却连10以内的数都数不清楚。上幼儿园的第一天我就打伤了小朋友，还损坏了园里最贵的那架钢琴。之后，我换了好多家幼儿园，可待得最长的也没有超过10天。每次被幼儿园严词"遣返"后爸爸都会对我一顿拳脚相向，但雨点般的拳头没有落在我身上，因为妈妈总是冲过来把我紧紧护住。

爸爸不许妈妈再为我找幼儿园，妈妈不同意，她说孩子总要跟外界接触，不可能让我在家待一辈子。于是我又来到了一家幼儿园，那天，我将一泡尿撒在了小朋友的饭碗里。妈妈出差在外，闻讯赶来的爸爸恼怒极了，将我拴在客厅里。

我把嗓子叫哑了，手腕被铁链子硌出一道道血痕。我逮住机会，砸了家里的电视，把他书房里的书以及一些重要资料全部烧了，结果连消防队都被惊动了。

爸爸丢尽了脸面，使出最后一招，将我送进了精神病院。一个月后，妈妈回来了，她做的第一件事是跟爸爸离婚，第二件事便是接我回家。妈妈握着我伤痕累累的手臂，哭得惊天动地。在她怀里我一反常态，出奇地安静。过了好久，她惊喜地喊道："江江，原来你安静得下来。我早说过，我的儿子是不被这个世界理解的天才！"

[我不是一个人在战斗]

上了小学，许多老师仍然不肯接收我。最后，是妈妈的同学魏老师收下了我。我的确做到了在妈妈面前的许诺：不再对同学施以暴力。但学校里各种设施却不在许诺的范围内，它们接二连三地遭了殃。一天，魏老师把我领到一间教室，对我说："这里都是你弄伤的伤员，你来帮它们治病吧。"

我很乐意做这种救死扶伤的事情。我用压岁钱买来了螺丝刀、钳子、电焊、电瓶等等，然后将眼前的零件自由组合，这些破铜烂铁在我手底下生动起来。不久，一辆小汽车、一架左右翅膀长短不一的小飞机就诞生了。

我的身边渐渐有了同学，我教他们用平时家长根本不让动的工具。我不再用拳头来赢得关注，目光也变得友善、温和起来。

很多次看到妈妈晚上躺在床上看书，看困了想睡觉，可又不得不起来关灯，于是我用一个星期的时间帮她改装了一个灯具遥控器。她半信半疑地按了一下开关，房间的灯瞬间亮了起来，她眼里一片晶莹，"我就说过，我的儿子是个天才"。

直到小学即将毕业，魏老师才告诉了我真相。原来，学校里的那间专门收治受伤设施的"病房"是我妈妈租下来的。妈妈通过这种方法为我多余的精力找到了一个发泄口，并"无心插柳柳成荫"地培养了我动手的能力。

我的小学在快乐中很快结束了。上了初中，一个完全陌生的新环境让我再次成为被批评的对象——不按时完成作业、经常损坏实验室的用品，更重要的是，那个班主任是我极不喜欢的。比如逢年过节她会暗示大家送礼，好多善解人意的家长就会送。

我对妈妈说："德行这么差的老师还给她送礼，简直是助纣为虐！你要是敢送，我就敢不念。"这样做的结果是我遭受了许多冷遇，班主任在课堂上从不提问我，我的作文写得再棒也得不到高分，她还以我不遵守纪律为由罚我每天放学打扫班级的卫生。

妈妈到学校见我一个人在教室扫地、拖地，哭了。我举着已经小有肌肉的胳膊对她说："妈妈，我不在乎，不在乎她就伤不到我。"她吃惊地看着我。我问她："你儿子是不是特酷？"她点点头，"不仅酷，而且有思想"。

从此，她每天下班后便来学校帮我一起打扫卫生。我问她："你这算不算是对正义的增援？"她说："妈妈必须站在你这一边，你不是一个人在战斗。"

[再辜负你一次]

初中临近毕业，以我的成绩根本考不上任何高中。我着急起来，跟自己较上了劲儿，甚至拿头往墙上撞。我绝食、静坐，把自己关在屋子里，以此向自己的天资抗议。

整整四天，我在屋内，妈妈在屋外。我不吃，她也不吃。

第一天，她跟我说起爸爸，那个男人曾经来找过她，想复合，但她拒绝了。她对他说："我允许这个世界上任何一个人不喜欢江江，但我不能原谅任何人对他无端的侮辱和伤害。"第二天，她请来了我的童年好友傅树："江江，小学时你送我的遥控车一直在我的书房里，那是我最珍贵、最精致的玩具，真的。现在你学习上遇到了问题，那又怎样？你将来一定会有出息，将来哥们儿可全靠你了！"

第三天，小学班主任魏老师也来了，她哭了："江江，我教过的学生里你不是最优秀的，但你却是最与众不同的。你学习不好，可你活得那么出色。你发明的那个电动吸尘黑板擦我至今还在用，老师为你感到骄傲。"

第四天，屋外没有了任何声音。我担心妈妈这些天不吃不喝会顶不住，便蹑手蹑脚地走出了门。她正在厨房里做饭，我还没靠前，她就说："小子，就知道你出来的第一件事就是想吃东西。""妈，对不起……我觉得自己特别丢人。"

妈妈扬了扬锅铲子："谁说的！我儿子为了上进不吃不喝，谁这么说，你妈找他拼命。"

半个月后，妈妈给我出了一道选择题："A. 去一中，本市最好的高中。B. 去职业高中学汽车修理。C. 如果都不满意，妈妈尊重你的选择。"我选了B。我说："妈，我知道，你会托很多关系让我上一中，但我要再'辜负'你一次。"妈妈摸摸我的头："傻孩子，你太小瞧你妈了，去职高是放大你的长处，而去一中是在经营你的短处。妈好歹也是大学教授，这点儿脑筋还是有的。"

［我是笨鸟，你是矮树枝］

就这样，我上了职高，学汽车修理，用院里一些叔叔阿姨的话说：将来会给汽车当一辈子孙子。

我们住在理工大学的家属院，同院的孩子出国的出国、读博的读博，最差的也是研究生毕业。只有我，从小到大就是这个院里的反面典型。

妈妈并不回避，从不因为有一个"现眼"的儿子绕道而行。相反，如果知道谁家的车有了毛病，她总是让我帮忙。我修车时她就站在旁边，一脸的满足，仿佛她儿子修的不是汽车，而是航空母舰。

我的人生渐入佳境，还未毕业就已经被称为"汽车神童"，专"治"汽车的各种疑难杂症。毕业后，我开了一家汽修店，虽然只给身价百万以上的座驾服务，但门庭若市——我虽每天一身油污，但不必为了生计点头哈腰、委曲求全。

有一天，我在一本书中无意间看到这样一句土耳其谚语："上帝为每一只笨鸟都准备了一个矮树枝。"是啊，我就是那只笨鸟，但给我送来矮树枝的人，不是上帝，而是我的妈妈。

人有一点年纪总是好的，越来越能够体谅到他人生活的不易，也越来越能够理解一些人的选择。不再为求而不得的东西歇斯底里，也不再为那些与自己的真实人生并无太大关系的人事纠结。好的坏的都学会了自己承担，见识了人生的残酷，却也坚定了内心，怀揣着年轻时的一点欲望和憧憬，勇敢赶路，不负余生。

别人越是瞧不上你，你就越要努力

别人越是打击你，你越要做出成绩来

活着的意义并不是衣食无忧

而是拿出勇气去做你不敢做的事

只要你努力，你完全配得上更好的生活

而不是委曲求全，得过且过

委屈是弱者逃避的最佳理由

公司一个90后男孩辞职时过来跟我道别，他是公司去年刚招来的培训生之一，身上具备了阳光、聪明、富有激情等优点。在新人中，HR（人力资源管理人员）及很多老员工相当看好他。他一提出辞职，听闻的相关人员都极力挽留。但他铁了心地要离开，表情里有着一点毅然决然，甚至带着一些愤恨。"我实在受不了他的咆哮，"他说，"他像疯了一般当众骂我，太伤自尊了。"

他口中的"他"，是他的直属领导，一个对自己和别人都要求甚高的人，性格有点急躁。这次事件的起因是在一个团队项目中男孩出现了失误，虽然不是什么致命的错误，但是给团队的协作效率带来了一定影响。而他领导的那通臭骂无非就是严厉地批评，盛怒之下，言语中有些上纲上线，譬如拖累了团队。

印象中，这不是一个见不得困难的男孩，也努力克服了许多困难，但在这件事情中却显得有点"玻璃心"。受不了委屈是职场上的一块绊脚石，"太委屈"成了很多职场新人心头难以排遣的一种情绪，久而久之就成了心头一根难以拔除的刺。其实，谁的职场不委屈呢？

　　在竞争激烈的职场中，对于我们这些在底层摸爬滚打的职场菜鸟来说，被骂简直就是家常便饭。身边的朋友、同事，包括我自己，没有在职场中挨过老板批评的简直就像外星人。我自己曾经历过一次刻骨铭心的挨骂，挨骂源于我的一个疏忽，让竞争对手钻了空子。

　　挨骂后，我还是保持理智，立刻拿起电话与各个相关人员沟通，准备不惜一切努力将不良后果扼杀在摇篮里。在沟通过程中，老板几次追到办公室责骂。在第二天早上五点多，问题解决之后，我向他汇报结果，他却淡淡地回复"知道了"，仿佛一切尽在掌握。值得庆幸的是，老板及时发现了问题，我们避免了损失，被批评与避免损失相比，简直不值一提。

　　另有一位部门负责人在全省会议上做数据通报，被领导抓到不足，当众数落。从讲报告的逻辑到语言的表述，再到表格数据的呈现方式，均被一一纠错，其本人也被领导当众下了"能力低下"的结论。但是会议过后，这位部门负责人依然面带淡定的微笑，自我调侃是"打不死的小强"，针对领导提出的每一个细节的批评，他都认真地做了改善。

　　职场的委屈也不是站得越高就会像空气一样稀薄。真正站得高走得远的人，反而都是比一般人更能消化委屈，也是比一般人受了更多委屈的人。只不过，在委屈面前，他们能更好地消化，将委屈转化为成长和进步的养料。

　　谁的职场不委屈？谁不是一边挨骂一边成长呢？仔细想来，哪次挨骂不是事出有因？虽然每件事情在特殊的场合可能被穿上令人尴尬的"外衣"，但是绝大多数时候，本质和真相只有一个，那就是自身确实存在不足和缺点。

有时候，委屈无非是自认为委屈了。委屈，无非是觉得自尊被践踏了，觉得"人为刀俎"，而自己成了那案板上来不及挣扎的鱼肉；无非是因为觉得错的都是别人，自己是被冤枉的；无非是心太小，撑不起自己想凌驾于别人之上的野心。

当然，职场江湖中也不乏真委屈。如果是无意诋毁，何必因为别人的错误自我惩罚？如果是恶意伤害，你又何苦自我苦闷，得逞了别人呢？所以，即便是真委屈，放下了，就依然内心无恙。

在职场，如若觉得委屈之情经久不散，那你就败了。委屈了，难以释怀，逃离了，这是弱者的自我保护。委屈了，自我反思，改之，尽善尽美，这是强者的人生宣言。你若真无过，也无须辩解，一笑而过，继续轻装上阵。

若把用来体会委屈的时间用来自我反省和提升，那么受的委屈会越来越少。沉浸在委屈中难以自拔，那么将会与全世界为敌，与理想背道而驰。委屈是弱者逃避的最佳理由，却是强者的珍贵养料。

所以，世界那么大，带着一颗"玻璃心"怎么走得远，怎么奔跑着追赶时间与梦想？

所谓成熟，是你出远门总会自己带伞，很少再把自己淋湿；是你能控制自己的眼泪，很少再把自己感动哭。这个世界很冷漠，学会善待自己，照顾好自己，没人会怜悯你的软弱，谁都不是你的寄托。没有人一定会在雨夜接你，没有人一定会读懂你的心。你一路跌跌撞撞，落下一身伤，就当是为了青春落下的残妆。

即使命运亏待了你，即使生活辜负了你，你也要做到，不辜负自己，不放弃自己。我们无法选择命运，我们唯一可以选择的是，当命运露出狰狞的一面时，坦然无畏地活下去。

愿你背负着伤疤仍能不忘微笑

姑姑和人合伙开了一间美容院，在她41岁那年。这是她第N次创业了。自从30岁那年她和姑父双双下岗以后，姑姑卖过服装、开过饭馆、推销过化妆品，甚至还远走贵州开过洗脚城，结果无一例外以亏本告终。人们都说，奸商奸商，无商不奸，像姑姑这么善良老实的人，做生意怎么赚得到钱？连她本人也不忘自嘲说："我这个人，天生就不是块做生意的料。"

如此折腾了几年之后，姑姑原本攥在手里的一点点存款全部打了水漂，还欠下了一屁股债。生意最惨淡的时候，是和人一起在县城开服装店，店子开在新的步行街里，一串儿四个门面连着，看上去气派得很。当时姑姑是借了高利贷准备去打翻身仗的，谁知人算不如天算，步行街人气始终不旺，生意也跟着一落千丈。

那年暑假我去看她，偌大的服装店只有她一个人守着，为了节省开支，连卖服装的小妹也不请了。中午吃饭时，小表妹也在，我突然懂了事，推说不饿，三个人只叫了两份盒饭。姑姑还是保持着热情的天性，一个劲地往我饭盒里夹肉丝，自己光吃青椒了。

服装店没撑多久，还是关门了。姑姑还算平静地接受了这个现实，为了还债，更为了一双儿女，她去了好姐妹开的超市里打工，说是售货员，其实收银、推销什么都做。超市货物运来时，姑姑帮着搬上搬下地卸货，有时做饭的回家去了，她也帮着料理一大群人的伙食。其实她的本分只是售货，可姑姑说："都是很好的姐妹，能搭把手就搭把手，计较那么多干吗。"姐妹为人和气，见了她还是和以往一样亲热，但工资并没给她多开，过年的时候发给她和其他员工的红包也是一视同仁，都是一百块。

姑姑的腰椎病就是那时候落下的。毕竟，有些货物像酒水饮料什么的着实不轻，30岁以前，她过的是养尊处优的少奶奶生活，哪里干过这样的重活。每次卸货之后，腰都会酸痛好几天，有时胳膊都抬不起来。

为了小表弟上学方便，姑姑一直住在镇上。她在镇上是没房子的，还是从前的姐妹出于好心，借给她一间房子暂住。我去她住的地方看过，一间房子搁着两张床，吃饭睡觉都在这间房子里，平常她和姑父带着小表弟住，表妹回来了也住这儿，看着未免有几分心酸。屋角摆着个简易衣橱，拉开一看，好家伙，满满一衣橱的衣服裙子，都熨得服服帖帖、挂得整整齐齐的。再看看姑姑，小风衣披着，紧身裤穿着，摩登的样子一丝丝不改，真像是陋室中的一颗明珠。我这才发现，原来自己的心酸太过矫情，到哪座山唱哪首歌，我瞧着姑姑是落魄了，她其实过得好着呢。

再后来，姑姑连生了两场大病，先后摘除了子宫和阑尾。人看上去憔悴了不少，脸色远远没有年轻时那样光彩照人了，只是穿着打扮仍然丝毫不松懈。我问起她的病，她就撩起衣襟给我看她小腹上的两道疤。两道粉红色的疤痕凸现在她雪白的肚皮上，看上去略有些面目狰狞，我看了眼就掉转过了头，她却开玩笑说："这要再生个什么病，医生都没地方可以下刀了。"

谁都以为姑姑就会在超市里一直干下去，直到干不动为止。没想到事隔多年以后，她拿出这些年和姑父打工积攒的辛苦钱，又一次投身商海。当然，这次她保守多了，只是美容院的小股东，而且兼职店面看管人，每月能拿固定工资，不至于一亏到底。开美容院这个行当还真适合姑姑，她打小就爱美，不管处于什么样的境地都把自己收拾得光鲜体面，小镇上的人一度拿她当时尚风标，说起她来都爱叹息自古红颜多薄命。

姑姑薄命吗？兴许是的。从30岁以后，命运从来都不曾厚待过她。病痛穷困就像那两道面目狰狞的疤痕，印在了她的身上。可是姑姑既不怨天尤人，也不妄自菲薄，而是带着那两道疤痕坦然地、面带微笑地活下去。

最近姑姑加了我的微信，她仅仅读过初中，使用起微信来却并不生疏。我经常看她在朋友圈里上传一些美容、养生的内容，想象着在老家美容院里温言细语为顾客服务的姑姑，心头时常会响起她劝我的话："人这一生啊，说长不长，说短不短，别计较那么多，什么事情都要想开点，吃点亏不用放在心上。"

姑姑已经41岁了，这两年苍老了很多，可是在我心中依然那么美丽。姑姑的故事常常让我想起《倾城之恋》中的白流苏：你们以为我完了，我还早着呢。

我还想说说一个朋友的故事。阿施是我采访中认识的，地地道道的广东本地人，货真价实的"靓女"，人生得高挑秀丽，还温柔得很，说起话来总是和声细语的，配上动人的微笑，真让人有如沐春风的感觉。

我采访阿施的时候，正是她人生的巅峰。那年是虎年，她的本命年，正好我们要找十对属虎的新郎新娘采访，阿施就是这十位新娘中的一位。当时她向我描述新婚宴尔的生活，言语间不时流露出初为人妻的甜蜜。我记得她发给我的照片上，她穿着白色的婚纱，赤足踩在海滩上，对着老公一脸灿烂地笑，她的身后，是碧蓝的大海。

　　长久以来，阿施给我的印象，就像这张照片一样，美得不染人间烟火。我有时想，天使落入了凡间，或许就是她这个样子。直到我也做了母亲，两个人比以前亲近了些，有次吃饭时聊起家庭，她忽然问我："你知道我家里的事吧？"我懵懂地摇了摇头。阿施想了想，终于开口说："我老公出了场车祸，很重的车祸。"我一下子蒙了。

　　变故发生在一年前，那时阿施刚生了宝宝不久，孩子还只有两个月，老公就因疲劳驾驶出了场车祸。车撞得完全变了形，人也撞得重度昏迷。老公在ICU（重症监护室）里住了小半年，这期间阿施的妈妈也生病了，查出来居然是癌症，父亲要上班，家里家外都是阿施一个人在忙，怀里还有个嗷嗷待哺的小娃娃。最令人痛心的是，婆婆不但不帮她，还指责她没照顾好儿子。

　　再难熬的日子也会挺过去，等到阿施向我诉说的时候，事情已经过去了一年，老公还在住院，正在缓慢康复中，可以不用拐杖独立走动一段路。妈妈的病没有恶化，生活能够自理。宝宝也长大了，会走路会说话，还会给妈妈倒水疼妈妈啦。

　　"我都不知道自己是怎么熬过来的。"说到这些，阿施眼圈有些发红，很快又恢复了微笑。她说，最艰难的时候，都想过要放弃了，那些日子里，儿子就是她生命中唯一的光。

　　我看着面前的阿施，她还是那么靓丽温柔，我根本想象不到，在她身上曾经发生过这么大的不幸。我和她认识以来，似乎一直都是她在关心我，工作上有什么烦恼，采访时想要找本地人，都是找她帮忙，在过去的一年里，这种状况也没有什么变化，每次我在QQ上和她说话，她都是事无巨细地一一解答。

　　在她的空间里，我常常看她晒一些旅行、聚会、和朋友吃饭的照片，照片中阿施看上去开开心心的，只是比以前瘦了些，我何曾想到，在她产后暴瘦的背后，有着这样的变故。长久以来，阿施就像一轮小太阳，向身边的人散发着光和热，这些人中就包括我，可是我居然不知道，小太阳的内心早已经燃烧成了灰烬，曾经面临着完全冷却的困境。

"其实也没什么啦，也许是老天爷以前对我太好了，所以要考验一下我。"阿施说，在过去的一年里，她使出了全身的力气去努力生活，努力照顾好每一个家人，把自己打扮得漂漂亮亮的，儿子生日时让人上门拍亲子照，把全家都安顿好了还抽空去了次泰国，最后她发现，原来一直习惯被人照顾的她，也可以这么能干。

说到未来，阿施对老公的彻底康复并不是特别有信心，她唯一可以确定的是，不管处于什么样的境地，都要让自己的生活保持"正常"的样子。"如果我都倒下了，一家人还怎么支撑下去？"阿施掏出手机给我看她的亲子照，照片上，她抱着儿子，两个人都在笑，比起海滩上的那张照片，她的笑容不再那么无忧无虑，而是多了一些沉甸甸的内容。我怎么觉得，这些沉甸甸的内容令她的美更有质感了呢。

如果你还想听的话，我还可以说出很多这样的故事，我奶奶的故事、胡遂老师的故事、小邬师姐的故事、保安小王的故事、我自己的故事。是的，我之所以会说这些故事，归根结底是为了在他们的故事中找到支撑我前行的力量。这些年来，我一直过得很不开心，有时我问自己："你为什么这么不开心呢？"抱怨成了我的常态，只要是和我走得近的人，都听过我的抱怨。我总是想不明白，凭什么我这么努力，却一直得不到回报？凭什么人家可以轻松自在，我却要这么辛苦？凭什么不公平不走运的事，都要落在我的头上？

我一直认为，命运亏待了我。到底是不是这样呢？答案已经不重要了，当你听完我姑姑和阿施的故事就会发现，即使命运亏待了你，即使生活辜负了你，你也要做到不辜负自己、不放弃自己。那么多人在用力生活着，那么多人背负着伤疤仍然不忘微笑，我如果再不打起精神活下去，又怎么对得起老天赐予我的生命？

人是多么脆弱，每一次苦难都会在我们身上留下难以磨灭的伤痕；人又是多么坚强，只要苦难不足以致命，就会在泥泞中挣扎着站起来，重新出发。我们无法选择命运，我们唯一可以选择的是，当命运露出狰狞的一面时，坦然无畏地活下去。

无论走到生命的哪一个阶段，都应该喜欢那一段的时光。幸福从来没有捷径，也没有完美无瑕，只有经营，只靠真心。幸福其实很简单，平静地呼吸，微笑着生活；有人爱，有事做，有所期待；不慌乱，不迷茫，无悔人生。我始终相信退一步，也就有一步的心境。

相信自己的坚强，但不要拒绝眼泪；相信物质的美好，但不要作物质的奴隶；相信人与人之间的真诚，不要指责虚伪；相信努力会成功，不要逃避失败；相信命运的公平，但是当一扇门关上的时候，就去学会给自己开一扇窗。

只要努力，终会被这个世界温柔以待

想去的地方，都有一段特别难走的路，这段路会让我们感到迷茫、痛苦和绝望，但我们选择继续前进，是因为这个世界有我们爱的人，所以它值得我们用情至深。

我们都这么努力地活着，大多时候，我们都是为了自己爱的人和爱自己的人。我们要感谢那些给予自己爱和力量的人，同时也要感谢自己有承担爱和责任的勇气。

[01]

工作多年后，许哥拖家带口回到学校读研究生，我是佩服的。

在校园碰见了许哥，许哥瘦了许多，脸上是明显的疲倦。

细问之下，许哥的父亲得了胰腺癌，住在老家的医院。

许哥是独生子，在学校和老家之间奔波。许哥重返校园，没有了收入，家里的收入都靠着爱人，爱人不能辞职照顾父亲，儿子才两岁多一点，时不时又生病。研究生二年级，正是科研任务最重的时候，所有的担子都压在了许哥的身上。

家里、医院和实验室的三重压力，虽未能感同身受，但可以肯定，许哥一定很累，身体和精神上的。

不知道该怎么安慰，许哥似乎明白我想表达的意思，他说："挺过去，会好起来的。"

几个月后再见许哥，虽然疲倦依旧，但是许哥眼神明亮坚定。他没有被眼前的困难打败。

[02]

一起写网络小说的强哥，说他出山写小说了，新书是军事类的。

"这次我是认真写的，因为我需要钱。"强哥说。

以前写书，我们都是写着玩，因为看了太多的小说，所以就有了写小说的想法。

我看了他写的书之后，发现确实是下功夫了，更新很及时，收益也不错。我问他："你每天更新这么多字不累吗？"

"我谈了个女朋友，快要结婚了，我要攒钱，厦门房价这么高，我工资不够啊，所以写小说赚点钱。"

强哥在一个工地做监理，工资确实不是很高，现在他每天晚上坐在电脑前，一写就是四五个小时，每天晚上都要写到深夜一两点，一个月能赚3000多块钱的稿费。

"哥会努力成为大神的，我会坚持写下去的！"强哥意气风发地说。

[03]

晚上10点多，有点饿了，推开窗户，从24楼伸出手，探探外面的温度。

有雪落在指尖，很冷。纠结着是忍着饿去睡觉，还是以英雄的姿态，睥睨风雪，下楼搞点吃的。

换上鞋子，匆匆出了小区，就看到烤红薯的大爷还在那里。

挑了一个红薯，黄瓤的，8两，4块钱。

闻着香喷喷的红薯，手也是暖暖的。

"大爷，你咋还不回去？雪这么大。"

"就剩两个了，卖完就回去，呵呵。"大爷笑着，搓着手。

[04]

一个在五道口上班的同学，说她上班的前半年，还在实习期，工资比较低，就住在昌平。每天早晨6点多就要爬起来，然后挤公交，挤完公交挤地铁。

北京高峰期的公交，那是要命的拥挤，用"把人都挤成肉夹馍咧"来形容，一点也不为过。

她说，每天4个小时都用在了坐公交上，晚上回到家里就感觉虚脱了。

为了省钱，晚上在出租房中炒好菜，蒸好米饭，用饭盒装好，第二天早晨带到办公室，中午用微波炉热一下，就当午饭了。

那段时间，常常躺在床上哭，她一直怀疑留在北京是不是一个错误的选择，这样的生活一直持续了半年。

转正后，工资高了，也攒了些钱，才在市区租了房子。

"工作和生活终于走上正轨了，不用再那么苦了。"工作一年之后，她发来消息说。

[C5]

我一直觉得，自己毕业论文最动人的地方，应该是自己写的"致谢"了。

我就是那个在毕业论文"致谢"中感谢自己的人。

"致谢"是毕业论文中唯一感性的部分。而其他部分，必须逻辑严谨，用词准确。

记得写完毕业论文的最后一个字时，是深夜一点多，那个时候，我唯一的感觉就是想冲出寝室，跑到外面大喊一声："终于写完了！"

冷静之后，我开始写"致谢"部分，10年求学的经历在脑海中一一浮现。

在"致谢"的最后，我写下了这段话。

"7万余字，历时千日的文献阅读、实验、思考和撰写，感谢自己能够不忘初心，一路坚持。"

[06]

一生中，我们会遇到很多的困难，如亲人生病，像许哥那样，如经济困顿，像强哥和同学那样……

有些人不堪重负，选择了逃避，或者选择极端的方式结束生命。而我们却一直坚持，一直努力。所以我们应该感谢自己，在这个荆棘丛生的社会，感谢我们的隐忍、努力和拼搏。感谢自己面对嘲讽、背叛、谎言，能够哭了之后，再次微笑。

感谢自己一直坚信，只要努力，总有一天会被这个世界温柔以待。

亲爱的，无论经历过什么，都要努力让自己像杯白开水一样，要沉淀，要清澈。白开水并不是索然无味的，它是你想要变化的所有味道的根本。绚烂也好，低迷也罢，总是要回归平淡，做一杯清澈的白开水，温柔得刚刚好。

生活就是老样子呀。它不够迁就我们，又不够大气和公平，所以很多时候你不能泄气。你需要匍匐、等待、蛰伏、努力、前进，你不要讨好别人，不需要假装和虚伪，你要做自己，等那一个契机。

做好自己，等那一个契机

时间这个东西，容易使人变成哑巴。

比如很多人年少时曾经有过各种关于梦想的渴求，之后便慢慢地把这些搁置。后来在生活这个大热锅里来回滚烫这么多年，那些现实主义的愉悦感逐渐占了上风。虽然没有功成名就天下知，但手中握有的钱、名下的不动产，足以让一个人活得洋洋得意、自命不凡。但更多的人并没有获得现实多少特殊的青睐，他们更多的是在生活里打了无数个滚，一辈子敷衍着奔波的疲惫，只为了一周那唯一不用出去工作的休息日。

不论如不如意，总有一日，我们也许会突然回想起多年前那个倔强又执着的少年，他曾在午夜深情凝视那夜的月光，他爱着这世界，他爱这虚假的公平，也爱这绝对的不公平。

或许谁也没想到那些曾经赤诚的追梦人，在许多年后达成了一个默契，那就是一起听到了梦破碎的声音。那声音不是淅淅沥沥的缓慢的长调，而是咣当一声。

青春摔个粉碎。

韩国电影《熔炉》里说："我们一路奋战，不是为了改变这个世界，而是为了不让世界改变原本的我们。"这些年里，不知道你还会不会记得曾经的那些单纯、炽热，像刚刚从生产线锻造成功的铁块，尽管还有瑕疵，但是它在太阳光的映衬下，闪闪发亮，足以耀出眼泪。

严馥就这样被时光逼成了哑巴。他对于过去的那些事儿选择了缄默不语。后来我们去旅游时聊到梦想这个话题，没想到居然打开了他的话匣子。

在这之前，我一直认为他是一个沉默自持、懂得分寸的成功的人。

严馥很喜欢做饭。当10岁的他用无比自豪的语气和家人说他要当一个伟大的厨师时，大人们好像没有听到他在说什么，继续谈论着其他有趣的话题。15岁的他决定去厨师学校深造时，家里人空前团结，一致反对。一向乐此不疲于吵架的父母竟然意外地和好了。那一次吵架吵得厉害，一个冷不丁，他妈妈给了他一耳光。

他说他没有哭，只是脸火辣辣的。后来他被关了一整个暑假。他想过很多种逃跑的方法，丈量从阳台到地面的距离，试了各种绳子的坚韧度，最终还是没有逃出去。

他喝了一口黑咖啡，回过头来对我说："如果当时不那么挫，逃得掉就好了。"

"可你还是不敢。"我恰当补上一刀。

"啊。不敢……"他单薄的声音飘荡在深秋凉凉的空气里，像一把锋利的刀子狠狠刮着岁月。但没有人喊痛。没人记得。

有些遗憾，并不会随着时间的推进而遁形。

严馥遵从家里的安排，按部就班地上学，从重点初中到重点高中，从一个月回三次家到一个月回一次家，后来干脆不回。

"我再也没有做过饭，因为很少回家，也没有条件。每次在食堂吃饭，我觉得我很羡慕他们，可是我说不出口。好像全天下人都觉得当一个厨子是多么的难以启齿，我自己也很耻辱地承认了。"

天生聪明的严馥后来顶住了高考那盛大又枯燥的压力，像一个识趣的成年人，在时代的浪潮中，顺着轨迹继续往前走，每一步都如家长殷切希望的那样，踏踏实实。

他熬了一个又一个艰难又势在必得的夜，嚼着那些必须品味的苦味，努力把它记住。可是他还是渐渐地忘了。他说，那些很多人想知道的奋斗的过程，他真的都忘了。不是记不住，而是在潜意识里，他从来没有在乎过这些。

这世俗又普通的成功，像下午五点钟已退潮的海面，看似是那么心旷神怡，又有谁记得一个小时之前刚刚蔓延而来的生命般的潮涌。严馥曾经执着追求过那一瞬间的绽放，可是他没有坚持下来。

严馥最快乐的时刻，是厨房里亮着的橘黄色的灯光，他围着围裙，认真对待那些蔬菜，呆呆又傻里傻气的南瓜，纤瘦又爱臭美的黄瓜，热情奔放的油菜，孤傲有型的火龙果，丰满可爱的肉们。他熟练地切着土豆丝，打开开关，放油、放肉、加盐、放菜。每一秒都值得等待，每一刻都变得有意义。他想一直这样下去。他想有一天，他指导一个团队，完成一次成功的满汉全席，然后在他们心满意足的神情里狠狠笑一次。

他喜欢厨师这个职业。虽然忙碌，虽然有时不那么体面，可是有趣得很。每天都做熟悉的菜，但每天都有新的感觉。而他每天坐在办公室里，应付着那些钩心斗角，小心处理着上下级的关系，在琐碎的光阴中耗尽自己快要消失的能量。

他说自己平常闲下来最常做的事情也是做饭。做饭做久了，就会容易和食物产生感情。每个食物都值得被妥帖对待，和人一样。

生活夹杂在这一片烟火气中，逐渐变得柔软。

然后他说自从升了官，再也没有时间做饭了。大概有一年了，他都快忘记做饭的感觉了。

"我常常在结束一场酒局后，感到盛大的空虚。我快忘记生活本来是什么样子了。"

他被生活推搡着前进，却时常又觉得被它渐渐抛弃了。他活得像个漏了气的气球，飘浮在空中，只剩色泽鲜艳。他被生活套住了。尴尬又可笑的境地，迟迟下不了台面。

那次分开后，一别就是3年。后来新年我在生病，生活又不大如意，没想到收到了他的明信片。

他告诉我："我拿到厨师证了。现在已经在一家颇有名气的酒店里做了两个月的厨师了。"

我突然觉得生命真是美好呀。

有那么多种可能，好的坏的，终于等待了一个好的可能。

他是怎么实现的呢？无非是揣着和不理解你的世界决一死战的决心，起早贪黑，踽踽独行，却开心得要命。那份热爱让所有艰难失去了傲气。他终于觉得为自己而活，又终于做到了，没有辜负这份勇敢。

真是好样的。

我们要吻所有的日子，连同苦难、困顿、糟粕、龃龉一起。

你要等。

怎样度过人生的低潮期？安静地等待；好好睡觉；锻炼身体，无论何时好的体魄都用得着；和知心的朋友谈天，基本上不发牢骚，主要是回忆快乐的时光；多读书，看一些传记，增长知识，顺带还可瞧瞧别人倒霉的时候是怎么挺过去的；趁机做家务，把平时忙碌顾不上的活儿都干完。

CHAPTER 04

每一次相遇，
都是成长的礼物

人生如花事一期一会，

每一段过往都有着它的意义，

每一个陪伴过你的人都是成长的礼物。

就像我遇见你，

在一个迟到了很久的夏季。

现在，我只想写一封信，寄一城的繁花给你。

每一次的遇见，都是一种缘分；

每一次的停留，都是一种收获。

命运要你成长的时候，总会安排一些让你不顺心的人或事刺激你。回首发现，你受过的伤都是亲手佩戴的骄傲勋章。

成长是体验不一样的幸福

父母在电话那头问我："生日了，想要什么礼物？"

按照往年的习惯，在我生日的时候，父亲会给我送有价值的书籍，母亲会送给我漂亮的冬装。记得我在幼年的时候，还一度失望于自己的生辰之日在冬天，我多么希望是在夏天呀，那样我就可以收到漂亮的裙子了。小时候，两条裙子就穿了好几个夏天，是那样珍惜。

母亲补充道："你前阵子不是说电脑坏了，要重新买电脑吗？"

我着急了："你们什么都不用给我送，书呀、衣服呀、鞋子呀，这些东西我都可以自己买。一台电脑好几千元，你们在小镇里攒上几千元要很长时间，我现在在大城市工作，很快就能挣到。不要把小镇里挣的钱放在大城市里用，不划算呢。"

我转念一想，笑着说："要不，你们给我寄一封手写信吧，这就是我最想要的礼物了。"

大学期间，与父母一直保持着手写书信的来往，每一次收到家信，我都会泪流满面。信中满是对我的关怀、鼓励、指引，每一封信必会提醒我要早睡，熬夜对身体不好。父母在信中写过，他们最大的心愿不是女儿有多大的成就，不是嫁给高富帅，不是出版多少书籍，而是平安幸福地生活。

26岁这年，我懂得了去心疼父母，并且知晓了精神上的关怀远比物质上的给予更让父母在意。

这一年是我人生中很重要的一个转折点，研究生毕业之后，我应聘上了一所高校的专职教师职位，成为一名大学老师，讲授艺术设计专业。我的角色从一名学生转向为一名老师，这样一种社会角色的转变让我有了更多的责任与担当。

刚开始给学生上课的时候，我的声音很小，也毫无站稳讲台的气场，在一群大孩子面前，我自己反倒成了最羞怯的那一个。为了提升自己的授课能力与讲说技巧，我认真准备每一堂课，把每一次上课都当作锻炼自己的平台。我并不自卑，因为我相信超越自己需要的只是时间。更重要的是，我真心喜欢台下的学生们，他们明媚的笑脸、纯净的眼睛使人欢喜。相比去社会的森林中披荆斩棘，我更愿意每一天都面对着这一片片干净的湖泊。

一个学期下来，我用自己的能力在讲台上站稳，连教学督导员也称赞我进步特别大。一份努力后获得认可的踏实，是比蜜还甜的欣喜。

教师这样一份职业，工作任务并不轻松，备课、授课、批改作业已占据一天中的大部分时间，回家之后还需要继续学习，在各方面提升自己。我认为自己是幸运且幸福的，因为教师有寒暑假，几个月的假期我可以去我想去的地方，这让许多从事其他职业的朋友羡慕不已，即使他们攒下年假，也不过十几天的休假时间。我曾在旅途中遇到过很多为了一次说走就走的旅行而果断辞职的行路人，但作为教师的我大可不必如此。

在研究生毕业之前，我也是这样天马行空地幻想着，毕业之后我就去走天涯，一边旅行一边书写，过着阳春白雪的日子。这个幻想却被母亲扼杀在了摇篮里，她说："不说父母吧，就说国家把你培养成研究生，你毕业之后不尽力去为社会做贡献，你觉得你心安吗？"当时心里很不服气，这世上还有一种职业叫"旅行家"呢！

现在想来，幸好听了母亲的话，走出校园之后才发现生活不仅仅只是风花雪月，还有柴米油盐酱醋茶，我除了继续坚持我的"写作梦"之外，还需要养活自己，并且要为一个家庭付出自己的那份担当。

我很热爱现在所从事的这份职业——教师，它可以让我实现大冰书里的一种生活状态——"既可朝九晚五，又可浪迹天涯"。已订好了年末去云南的机票，学校放假后，我将背上相机，在向往已久的地方用镜头记录下我眼中所见到的圣洁与美丽。

我18岁离开湘西老家，此后8年时间一直在大城市为了心中最初始的梦奋斗着。从四川达州到陕西西安到中国台湾台北，最后再回到西安。只身一人，靠着信念在大城市摸爬滚打地生活过来。性格里与生俱来的怯弱也让我吃过苦头、摔过跤、误入歧途、陷入过黑暗，跌跌撞撞一路向前走着，依旧不忘记用一张笑脸去面对一切。哭泣的时候总是一个人躲在被窝里，难过也不会给远方的父母打电话倾诉，唯恐他们担心。到后来也不哭了，再难再怕的时候狠着心咬咬牙也就过去了。年龄的增长让我逐渐懂得了，不管自己选择怎样的生活，都不许后悔，用一颗渐趋强大的心去应对一切。

内心里有了如同果核一样坚硬的存在，披荆斩棘只为保护里面那个柔软美好的梦想。

每个月发了工资，我会在第一时间把一半的薪酬汇给父母，我可以少买几件衣服，减少一些不必要的应酬，因为我知道父母收到汇款的时候会是欣慰的。钱本身并不重要，我知道他们不舍得花钱，更重要的是他们知道女儿是有能力的。

余下的工资除了用于基本生活外，我还会用于学习，不断给自己"充电"。学习英语、钢琴、化妆，每一样都需要支付学费，算下来已是一笔不小的开支。我一直觉得，一个人在学习上进行投资才是最长远最有效的，美貌会随着岁月更迭，但是自身的才华与能力却会像珍珠一样，在我们的生命状态中散发出越来越闪亮的光泽。

为了让自己有足够的资金用来"充电"，我在工作之余还做设计、拍摄、写稿。因为靠着自身的能力去挣钱，每一分钱都花得底气十足，但这份自豪背后却是要付出比常人多许多倍的辛苦与勤奋。T是我拍摄的第一位客户，其实她自己以前就是摄影专业毕业的，毕业之后曾在影楼工作过很长时间，有了孩子就成了全职妈妈。她说，找我为她拍照，是因为我就是她想要成为的那个人，她现在无法实现这些旧梦了，所以一定要支持我。活成自己心中的梦想，这样的信任与支持让我倍加温暖。

带着她去终南山，她的女儿也来了。我为她们拍了亲子照。女童说："妈妈，长大了你还要为我编辫子。等你老了，我还要在你身边，到时候我给你编辫子好吗？"她们眼神对望的目光里，是满满的爱。时常在这样镜头捕捉的片刻里，收获到触动心灵的感知。

每一天，我都在工作与学习中，忙碌且欢喜地度过。有很长一段时间，我都是工作到深夜1点眼睛实在睁不开了才入睡。清晨5点又继续起来学习英语，开始一天的生活，平均每天只睡4个小时。也是因为那股持之以恒的狠劲，我在西安这座历史古城拥有了一片自己的天地，我的第二本书《当茉遇见莉》由作家出版社出版了，我的文字被更多的人喜欢，我的摄影得到了越来越多的人的肯定，我的公众号被更多人关注，我的名字被更多人知晓……我会时常收到读者的留言，字字句句都是心疼与感激。原来，我对梦想的执着、对生活的热爱在潜移默化中感染了许许多多的朋友。

在尚且稚嫩的时候，我幻想着自己能成为一名写作者，或者成为一名教师，这些梦都实现的时候，我才明白，一个人存活在这个世界的价值不仅仅是完成自己的梦，而是要去帮助更多的人一起追梦。

表姐说，"你都26岁了，奔三的人了"。时间走得太快，似乎还没有停下来看看人生这趟列车外的风景，我已经长成大人了。

成长，意味着我们有了更多的责任担当，也会有更多的酸甜苦辣要尝，但是也会有更多不一样的幸福体验。

这些都是时光赠予我们最好的礼物。

一件事你期望太高你就输了，一份情你付出太多你就累了，一个人你等得久了你就痛了。记住，生活中没有过不去的难关，生命中也没有离不开的人。如果你不被珍惜不再重要，学会华丽地转身。你可以哭泣，可以心疼，但不能绝望。今天的泪水，会是你明天的成长；今天的伤痕，会是你明天的坚强。

我们必须学会接受，有的人注定只能陪伴我们走完其中一段人生。即使曾经承诺会天长地久的友情渐渐淡了，但是只要回忆依旧能够让人感动，就足够值得庆幸。

就算不再联系，回忆依旧感人

如果要列一列我人生中最不愿意做的几件事情，有一件一定是"和老朋友见面"。

当然现实是，以前的老朋友已经基本不见面了。

我的生命中开始出现"朋友"这个概念，是因为初中的时候遇到了"大黑"。

他是从普通班转到我们提高班来的，成绩并不好，我想应该是因为家里人有关系，所以对他一直没什么好感。但是有一点要感谢他，自从他来到我们班之后，我就不再是班上皮肤最黑的那个人了。因为皮肤黑的特点，班上同学还给我们俩取绰号，他叫"大黑"，我叫"二黑"。

我是那种下了课永远钉在座位上的人，性格沉闷，不会主动搭讪，所以一直和同学们都混得半生不熟，更谈不上有什么朋友。

有天课间，大黑突然跑来硬要和我比到底谁的皮肤更黑。他高度近视，眼睛奇小，不停地边傻笑边指着我说明明我比他黑，找各种话开我玩笑。

我比较内向，就没怎么搭理他，他好像也没觉得尴尬。我很奇怪他没有生气，反而觉得他很好玩。

于是两个人就这样莫名其妙地认识，又莫名其妙地成了闲着没事就观察对方是不是又黑了的最佳损友。

初中的时候特别喜欢看奇幻小说，这还是拜大黑所赐。当时有一本奇幻杂志一周出一本，我们就一人买一次，交换着看。我还时常把我"创作"的小说拿给他看，他经常能猜出我写的蹩脚故事的结局，然后无情地嘲笑。

那时候我情商还没怎么发育，为人处世都非常以自我为中心，不懂什么叫作说话之道，所以常常和同学闹矛盾。大黑反而性格幽默，脾气温和，很受欢迎。有一次我不知道第几次和班上某同学冷战，互相看不顺眼，大黑就悄悄在我桌子里面塞了一本卡耐基写的《人性的弱点》，留下张纸条："看看这本书，学学怎么说话做人，以后少和人吵架。"他很少直接表达情绪，对我的关心也是用一种很低调和委婉的方式。

后来我问他，明明一点都不熟，当时为什么要跑来和我"比黑"？他说，因为他看上了我同桌，又不好意思主动和喜欢的女生搭讪，所以就拿我来声东击西了……

升高中的时候，我去了很远的省城，大黑留在市里。那时候还流行写同学录，我就给他写了句"勿忘我，常联系"，认真地签下了自己练了许久的签名。

只是没想到，我们后来的谈话都是以"常联系"来结束，实际上联系的次数却寥寥无几。

和大黑的生活交集越来越小，能够感同身受的心情也越来越少。我们在电话里诉说着各自的新生活，努力和对方描绘着那些不曾一起经历的时光，却想让彼此都体会到和自己一样的心情。身边也都慢慢出现了其他可以分享的人，电话越来越少，偶尔发短信，也都离不开几个固定句式。

高一寒假回家，和大黑去逛初中的老校区。他问我，上了高中是不是还像以前一样不爱和别人说话。我一时不知道说什么，笑了笑回答说："当然还是一样，性格哪有那么容易变。"

其实，上了高中以后我变得很活泼，极端自我的性格也改了不少，可能是得益于大黑让我看的那些教人如何处事的鸡汤书吧。可是我不知道怎么在这个老朋友的面前表现出一个和他印象中不一样的我，我们都习惯了对方以前的样子，只是我们都不再是以前的样子了。

上了大学，我去了厦门，大黑去了河北，南北相望，隔得更远。假期的几次见面，都在没话找话中散去。

我仍然珍惜这个老朋友。只是，地理位置上的距离再远，终究没有我们心里的距离远。

两个好朋友关系深厚到一定程度时，是可以让所有的"人际交往学"理论都不再成立的。

我骂你之前从来不需要先夸你，因为你一定知道我们的友情不需要拐弯抹角，我的每一句指责和批评都源自真心，是为了骂醒你，给予安慰，指引方向。

我们可以把任何一件小事都变成畅谈两个小时的话题，从不觉得啰唆；也可以待在一起一言不发各忙各的，从不觉得尴尬。和你在一起的时候，无论哪一种状态都是舒服的状态，不需要刻意，不需要敷衍。

在别人面前，我全副武装，处处小心。在你面前，我卸下戒备，无所忌惮。

可是，恰恰是因为我们曾经对彼此过于了解，现在却对彼此的圈子一无所知，这种落差让我们之间的相处变得越来越刻意。

刻意去联系，刻意去找话题，甚至刻意去关心。我们都心知肚明以前那种朋友的感觉已经找不回来了，只有仅存的回忆苦苦支撑起了偶尔的联系和寒暄。

我们和不熟悉的人相处，时常需要"应付"。努力地去找话题，开着一些为了不让气氛尴尬的玩笑，即使感觉到再尴尬也仅仅只是尴尬，不会再有其他的感觉。但是一旦和老朋友之间的相处也开始变得需要应付的时候，那种尴尬，给我们带来的更多的是一种难受。

所以，我越来越不愿意和老朋友见面了。不是甘愿放弃和老朋友的感情，而是不想面对最熟悉的面孔，心中却满是物是人非的酸楚。

感谢曾经出现在我生命中的每一位朋友，我不曾忘记那一段因为有你而如此美妙的青春。希望你想哭泣的时候都有人安慰，想欢笑的时候都有人分享，想喝酒的时候都有人陪伴。

即使那个人不再是我，我也愿意在你看不到的远方，为你举杯。

你可以忽略我的感受，也可以肆意挥霍我的热情，甚至不理会我的沮丧难过；可是有一点你必须明白：每个人能付出的爱都是有限的，无论是对朋友，还是爱人。如果你让我感觉到力不从心了，迟早有一天我会离开你，到那时，我就再也回不来了。

生活从来都不容易啊，当你觉得挺容易的时候，一定是有人在替你承担属于你的那份不容易。

岁月不曾静好，有人在替你背枷前行

[01]

李萧是我班上的学生，长相帅气，一身名牌，出手阔绰，用的最新款的苹果手机，常常晚上查寝时不在宿舍，室友说他出去潇洒了。

很多同学都羡慕他，觉得他的生活太容易、太舒适了。

这么一个公子哥，我第一次见他时，就隐约觉得他在我班上将来会带给我麻烦，没想到不久后就给我捅了一个篓子。

李萧和别的系一个女孩子谈恋爱，把人家的肚子搞大了，带那个女孩打完胎后就提出了分手，再也不见她，不接她电话。女孩想不通，准备自杀，被寝室的其他女孩阻止了，女孩的家里人知道后，跑到学校要讨个说法。

这件事情惊动了学院的领导，领导要我们一定妥善解决，于是，我通知了李萧的家长来学校和女孩的父母好好协商，希望不要把事情闹大。

见到李萧的母亲时，我着实吃惊不小。

她穿着早已不流行的套装，黑色的坡跟皮鞋一大片皮已经剥落，黝黑的皮肤布满皱纹，凌乱的头发上面带着一块20世纪的头巾，看起来风尘仆仆。

根据李萧平时的消费，我以为他家应该是一个经济优渥的家庭，没想到就是一个非常普通的农民家庭。

他母亲告诉我，家里正在收玉米，实在没有办法才抽空来的，因为要省钱，没有打车，坐公交车来的，坐错了好几趟。

我特别注意了一下他母亲的手，那是一双庄稼人的手，历经风霜、沟壑分明，其中一根手指还贴着创可贴，想必是剥玉米粒时，手指裂开出血了。

我从小在农村长大，可以深深地体会到她供养李萧上大学是多么的艰难。

在院长办公室的时候，李萧的母亲诉说自己培养李萧上大学含辛茹苦付出了很多，他父亲也是在工地没日没夜地干，说着说着就痛哭了起来，涕泪俱下，越来越激动。可能她以为学校要开除她儿子，求大家给她儿子一次机会，最后竟然直接向女孩父母和院长跪下了！她情绪已经失控了，大家扶都扶不起来。

我告诉她好好协商就行，不会开除李萧，过了好久她的情绪才慢慢缓和。最后，他们两家人达成了一致，这件事情才算了结。

班上很多同学都羡慕李萧，不知道他们知道真相后会怎么想。

没有谁的生活本来就容易，李萧的容易，全靠他的父母替他支撑不易。

我不知道李萧每买一件名牌衣服、换一次苹果手机、带女朋友开一次房，他父母需要卖多少根玉米，在工地上做多少工，这样花着父母的血汗钱换来自己生活的舒坦，良心真的会舒坦吗？

还有很多的学生，在自己没有能力赚钱的时候，就拿着父亲的血汗钱去KTV开个豪华包间唱《父亲》，这样做真的是爱父亲吗？

［02］

表哥是一个货车司机，收入不菲，就是常年四季在外面跑，表嫂在家里养尊处优，每天打一场麻将，出门做一次美容，生活优哉游哉，很多人羡慕表嫂，说她嫁了一个会赚钱的老公，生活滋润，没什么压力。

可是，表嫂和表哥的感情并不好，表嫂埋怨表哥只知道赚钱，常年在外不顾家，不关心她和孩子，经常回家就只知道睡，没说几句话就打哈欠。

他们经常吵架，表嫂一发脾气就收拾行李带着孩子往娘家跑，姨妈每次都急得不得了，兴师动众地和表哥去把她接回来。

后来有一次，一直陪同表哥跑车的临时司机家里有事去不了，表哥看我比较空，就要我陪他一起去跑这趟车，我说我不会开啊，他说：

"没事，慢点开就行，旁边多个人说说话，有个照应，也好多了。"

于是，我就不好再推辞了。

出发前，表哥准备了3箱方便面3箱水，我说："准备这么多，太夸张了吧？"表哥冲我坏笑，说："你到时候就知道了。"

帮他搬完方便面和矿泉水后，他慢悠悠地拎了一个黑袋子上来，我问他里面是什么，他故作神秘，靠近我耳朵旁说："钱！"

等他锁好车门，我打开袋子一看，我的个乖乖！一沓一沓整齐的百元大钞，足足有几十万，我还是第一次看到这么多现金。表哥云淡风轻地说，这些钱都是路上要花的油钱、过路费、修车费等。看他这么大的架势，我预感有点不妙。

没想到，还真是上了"贼船"。

首先这个钱根本不是什么好东西，要担心强盗抢货或抢钱，停车的时候必须锁好车门，时刻要保持警惕。

经常开车20几个小时，没有一家餐馆，方便面我都要吃吐了，睡觉不要说床了，连床板子都没有，驾驶室就是我们的客厅、厨房和卧室！

因为长期吃饭不准时，我的慢性胃炎又犯了，跑车一趟回来后，我妈说我瘦了一圈，看着心疼。

通过和表哥跑车之后我才体会到他的不容易，表嫂生活的舒适就是靠表哥生活的艰辛换来的。

深夜零下几度的气温，表哥正钻到车底下用冻得发抖的双手维修一些小故障的时候，而此时表嫂正在温暖舒服的被窝里熟睡。

白天炎热的高温下，表哥正在大太阳底下吃力地扯着车子篷布，而此时表嫂正在空调房里的麻将桌上谈笑风生。

表哥和一群工人为了快点交货正忙碌着搬运货物顾不上吃饭，而此时表嫂正在家里享受着香喷喷的饭菜。

到了表哥家后，我把表哥的辛酸通通向表嫂一说，表嫂听得眼泪直打转。

表嫂说，以前她不明白，他一大堆脏衣服为什么自己不洗，都打包回家，现在明白了，那是因为根本就没时间洗；

以前她不明白，在孩子老婆面前，为什么他总是哈欠连天，一回家就睡觉，现在明白了，那是因为在跑车的旅途中根本没有机会好好睡觉；

以前她不明白，为什么他总是腰痛、肩膀痛、手臂痛，现在明白了，长时间的驾驶又要搬货又要扯篷布，他的身体怎么可能会好呢？

知道自己老公不容易后，表嫂再也没有和他吵过架，她总是觉得表哥太苦了，要他换个工作，可是表哥说自己早就习惯了，别的工作也没有这个赚钱多，为了老婆和孩子，再苦再累也值得。

生活从未变得容易，表嫂的舒适和潇洒，都是表哥受苦、受累，用睡眠、健康换来的。

[03]

　　我们每个人生下来都要背负一把沉重的枷锁，童年的时候，你感觉天真无邪、快乐美好，那是因为你的那把枷锁由你的父母在替你背负着。

　　长大后，你感到孤独、迷茫、压力大，那是因为父母的年纪大了，你的那把枷锁他们背起来有点吃力，想把它往你的肩膀挪一挪。

　　再后来，你感觉更加力不从心了，那是因为父母都已经老了，再也背不动枷锁，需要你去背负自己和他们身上的枷锁。

　　生命的伟大意义在于：人与人之间的枷锁轮流背负。

　　每个人的青春里都有一条弯路，谁也没法替你走完，但未来总还在。愿有人陪你颠沛流离，如果没有，愿你成为自己的太阳。

真正的朋友，就是平常过好各自的生活，有难时必拔刀相助。真正的友情就是无事时各不打扰，却一直互相勉励，相励于江湖。

我们的友谊是互相勉励，各不打扰

[01]

前一段时间，独自一人骑车穿越大别山。游罢吴楚雄关的天堂寨，又登峰擎日月的天柱山，我的骑行交响曲，在奏完了这两个高潮乐章之后就要落下帷幕了。

回程的路上途经省城，本不想打扰任何人，然而，愈是接近省城，便愈是想见一个人。在距省城大约还有百十华里的时候，再也禁不住浓浓思念的撩拨，于是，便给一个在我心中特别珍视的手机号码发了一条短信："我骑行大别山已十余天，今晚6点左右经过合肥。"

这是一个已静悄悄地躺在我手机里许多年的号码，虽然我很少用这个号拨响对方的手机，但是，我知道，这个号码会永远地为我而留。果然，一个多小时后，我收到了短信："住处已给你安排好，某某路某某大酒店某某房间。到后，打我手机，一起吃晚饭。"

对于心灵相契的两个人来说，一切寒暄都是多余的，曾经的岁月，曾经的情愫，会像藏于窖窟里的陈年老酒，愈久愈醇浓香醪，愈让人回味无穷……

他就是我中学时代的同学，如今已在省城任要职且公务繁忙的李君。那时，我们在班里坐前后位，因为对文学有着共同的爱好，便有了交换书读的岁月，特别是对书中英雄和伟人的崇敬与向往，更拉近了两颗燃烧着的少年之心。在这心跳的节律中，一曲相互倾慕的友情之歌也在悄然奏响……

一个月明风清的夏夜，我们漫步在距他家不远的一条河边，谈论着一本书中几个英雄少年可歌可泣的悲壮命运。突然，李君说："如果你成了元帅，我一定做你麾下的将军，和你一起打天下！"听他这么一说，我激动得半天没说出话来，因为从他的话里，我感受到了他的胸中也和我一样燃烧着渴望在未来的岁月里成就卓越自我的梦想！

[02]

这梦，就在这一刻，成了我俩心中无言的默契：不管人生的际遇充满多少变数，也不管生命的岁月如何的流逝，都要让它引领我们心灵追求的方向！

然而，天有不测风云，他的父亲不幸摔倒骨折，母亲本来就身体不好，弟妹们又小，于是，父母都想让他退学回家种地。我知道，他的心在流血，但他是个孝子，又不肯违拗父母……

有一天，我来到他家，对他父母慷慨陈词："让他回家种那几亩薄地，一时虽能得到一点好处，但永远也改变不了他和你们全家贫穷的命运，只有让他考上大学，他才能以自己的腾飞给全家人的命运带来转机。他的学习成绩这么突出，您二老就再辛苦几年，给他一个实现自我的机会吧！"他的母亲哭了，从此，再没提让他退学的事。

后来，我们都考上了大学，从此相别于江湖，但我们的心灵永远因少年时代的那个梦而联系在了一起。人生的路总是充满艰辛和坎坷，但是，我们一直都在书信中相互激励着对方。大学毕业后，我在追求文学的道路上走得有些艰涩，而他走的路子似乎比我顺利一些。他考上了研究生，后来，又成了他那个行业里的佼佼者，并一步步走上了领导者的岗位……

飞滚的车轮带着我越是接近省城，便越是有些按捺不住心情的激动……我想：人们的友情，一定需要依托一种纯净的精神，才能在物欲的世界里一直保持着诗意的纯净。有了这样的友情，不管相距多么遥远，他们都将永远相励于江湖，因为这样的友情本身，就体现着他们自身的一种价值！

[03]

我和李君之间，并没有发生过感天动地的大事。但是，就是凭着这样的友情，在漫漫的生命岁月里，我们都为对方的心灵里注入着积极向上的能量，都在相互提醒着永不在世俗的红尘里沉沦，永远都要驾驭着自己的理想之舟，彼此呼应着、义无反顾地向前，向前……

不要去巴结一个人，用暂时没有朋友的时间，去提升自己的能力，待到时机成熟时，就会有一众的朋友与您同行。用人情做出来的朋友只是暂时的，用人格吸引来的朋友才是长久的。所以，丰富自己比取悦他人更有力量。

君子之交淡如水，或许你就是这样冷清的人，但冷清的人未必没有一个热闹的人生。最好的人际关系莫过于：你记得我也好，忘记我也罢，我始终在那里，不曾远离。

我始终在那里，不曾远离

　　"这是我的新号，望惠存。"

　　午夜的时候，收到朋友群发的短信。当我将朋友的名字和电话保存到通讯录的时候，恍然发现原来通讯录里已经躺着四个被他抛弃的号码了。

　　山南海北，许久未见。过年的时候放假回家，终于有时间和他一起吃个饭。我晃了晃手机，和他开玩笑说："你对女朋友可比对电话号码忠贞多了，你看你今年都换了多少个号码了，我想给你打电话都不知道该打哪个。"

　　朋友瞥了我一眼，咬牙切齿地说："反正你从来不给我打电话。"

　　本来想戏弄他，却被他的这一句话硬生生地打了脸。想了想，还真是从来都没给他主动打过电话。心生愧疚，却也觍着脸说："虽然不打电话，但不代表我不关心你嘛。"

　　虽然是哄他的话，却也出自真心。

我从来都不是一个热闹的人，尽管我希望过一个热闹的人生。

　　小时候的我就是一个让大人觉得有些无聊的孩子。我不喜欢和同龄小朋友一起玩，踢毽子、跳皮筋、打口袋，都让我觉得枯燥而乏味。过家家什么的，在我看来更是无比幼稚。或许，我就是有些早慧。每次爸爸妈妈让我出去和大家一起玩，我总是会一个人溜到街角的书店，躲在角落里看书。看什么并不重要，重要的是我并不想和大家一起玩。

　　长大后情况有所改观，因为自己的朋友大多是开朗热情大方的姑娘，所以难免也会被影响。我喜欢和她们在一起，感受她们带给我的温暖。我更愿意做一个聆听者，在她们伤心难过的时候默默地听她们倾诉就好。我不习惯和朋友牵手走路，不习惯和朋友形影不离，不习惯任何一个人永远绑在一起。偶尔也会讨厌这样的自己，枯燥，无趣，冷清。

　　从我的手机套餐组合就可以看出我的习惯，通话0分钟，短信0条，唯独流量包每个月都会消耗将近1000M。不喜欢打电话，不喜欢发信息。偶尔想念一个朋友，就会跑到朋友的朋友圈或豆瓣去翻一翻，看一看他最近读了什么书，看了什么电影，听了什么音乐，见了什么人。也会故意和他读同一本书，看同一部电影，听同一首歌，想着此时此刻，我们虽然在不同的地点，是否在做着同一件事。没有痕迹，我只是静静地守望着你的生活。

　　也会觉得这样的自己是否太过冷清，让朋友倍感不适，但每每拿起电话却总是在内心犹豫，大家都有自己的生活和工作，总是怕打扰朋友。

　　很多时候我也会羡慕那些活得热气腾腾的人。记得有一日去宿舍楼下取快递，恰逢另一个姑娘也取快递。取完快递后，我俩前后脚进了电梯。我低头开始拆快递，却没想到这姑娘竟然开口和我聊起天来。我有些诧异，目瞪口呆地看着她一个人在那儿自言自语。

"好巧呀，我们住一个楼层，又取的一家快递。"

"你是哪个学院哪个专业的啊？"

"哎，你买的口红吗？什么牌子的？好用吗？"

"这么快就到了，有时间来我们宿舍玩啊。我住×××。"

直到我俩出了电梯，一个人向左走，一个人向右走，她才停下自己唐僧般的唠叨，特别真挚地和我说了声再见。和这个陌生的姑娘意外相逢的短短一分钟，对我来说，简直快要和一辈子一样长。我能感受到她的善良和热情，像一个闪闪发光的小太阳。我想，这样的姑娘，每个人都会喜欢的吧。

可是，尽管我很努力地想要成为这样的人，却终究只是在勉强自己。也曾因为盛情难却，硬着头皮参加朋友举办的联谊会，和一群同龄人一起吃饭、聊天、唱歌、做游戏。几个小时过下来，我只觉得能量槽不知道被清空了多少次。每一个笑容都扯得无比僵硬，每一个电话号都存得无比糟心。每每想到要把生活撕裂给这么多人看，只觉得天似乎都要塌了下来。客套的寒暄，僵硬的笑容，刻意的热情，还有什么比这更加心累？

当我终于长大到可以里里外外认清自己的时候，我终于意识到，我就是这样一个简单无趣冷清的人。我可以让别人喜欢我，我也可以让别人觉得我亲切热情健谈，但这基于我对社会规则的遵循，而不是我的本心。性格中的内向因素，让我成为一个敏感、认真、稳重、内敛的人，这虽然并不讨人喜欢，但也没有什么不好的。

但生活充满惊喜，频率相同的人终究会相遇。二十多年的人生，我终究遇到了一些从来不曾离去的人。

曾经和某姑娘说："你看我们还是真爱吗？我们除了寒假和暑假见

面，平时一个电话都没打过，一条短信都没发过。"某姑娘想了想，反问我："我们需要靠这个来联络感情吗？"

想了想觉得也是，即使我们不打电话、不发短信，即使我们一年不曾见面，但每次相见依然如同从来不曾分开。一个眼神就可以懂你，或许，朋友就是这样。

如今我们相距甚远，许久未曾碰面，但偶尔看看她的朋友圈，又觉得她其实从来都不曾离开。也会在深夜的时候，给她写一封绵长的信件，细数最近的点滴小事。比如楼下的流浪黑猫生了一窝可爱的小花猫，比如北京的雾霾逼得我买了一箱子的口罩，比如食堂的离了婚的阿姨貌似找到了新的男朋友，比如我最近狂吃了几顿大餐不知不觉就胖了两三斤……

当信件漂洋过海去看她的时候，或许已经是数月之后的故事。但这又有什么关系，因为那些温暖的小事，从来不曾消失。我记在心里，讲给她听。不温不火，不紧不慢。你收到最好，不收到也没有什么关系。偶尔会想起你，这样的思念，于我来说，温度最好。

一个冷清的人该如何过一个热闹的人生？我用了很长很长的时间去思考这个问题，却最终也没得到一个明确的答案。冷清，不是不爱，不是不关心，不是不思念，不是不在乎。只是，所有的爱、关心、思念、在乎都被藏在了心底。我也想张扬肆意地云表达，却终究只能把这一切春风化雨。当我在意你的时候，我希望你面前是真实的我。

有些人的热闹是朋友里的亲密无间，有些人的热闹是生活中的花团锦簇，有些人的热闹是事业上的锦绣前程，有些人的热闹是爱情中的你侬我侬。这些都是千姿百态的人生，都很美好，也值得珍惜。但我所期待的热闹，却是细水长流中的长久相依，是山高水远外的久别重逢。你记得我也好，忘记我也罢，我始终在那里，不曾远离。

我们或许就是这样冷清的人。但冷清的人未必没有一个热闹的人生。

友情是有保鲜期的，想想有多少已经不联系的朋友，默默地存在于你的通讯录中。不是不想联系，实在是人生残酷，时空变幻，你我再无交集，与其相见，不如怀念，不如随缘。人生不过是一场旅行，你路过我，我路过你，然后，各自修行，各自向前。

24小时开机的人，大概都是这样的一种心理：害怕错过，更怕以为不会响起的电话有朝一日偏偏在半夜响起。你会因为半夜电话响起感到紧张，更会因为不开机而心有不安。

心里没有了牵挂，才能高枕无忧

夜里看《山河故人》。

在戏中，张艾嘉风韵犹存，作为早年漂泊海外的游子，她时尚而包容，跟老外结婚又离婚，在课堂上教授中文，笑言遗忘了自己的中文名字，真假难辨。面对青春气息的吸引，她可以忽视自己松弛的皮肤、浮肿的眼袋，跟小鲜肉在一起。

一对已然被别人误认为母子的男女，肉体彼此交互之后，也能分享内心深处的情愫。

张艾嘉躺在小鲜肉胸前，喃喃低语：

我来澳大利亚以后，24小时开着手机，我的妈妈年纪大了，我想让她能随时找到我。在A城没有什么人打电话给我，一有电话打来，我就紧张，就怕有不好的消息。

你知道，牵挂是爱最痛苦的部分。

形似洒脱的人，也会因为牵挂而呈现被束缚的一面。

看到这一段的时候，我有点想念祖母。

上了一定岁数，或者心里有所牵挂的人，想必对张艾嘉这番话会有所共鸣，进而感同身受。

很多时候，做不到彻底的任性妄为，不就是因为那份牵挂和责任吗？

关于24小时开机，大家的观点莫衷一是。

有人认为，为了确保良好的睡眠以应对第二天的忙碌工作，同时为了避免打扰，有必要在晚上睡觉的时候关机；

有人认为，万一有人找自己呢，万一错过什么重要的电话呢，还是不关机的好，毕竟骚扰电话在少数。

没有对错，每个人的生活方式不同而已。

我记得上学那会儿，包括刚工作那会儿，身边还有人保持睡觉关机的习惯。手机设置为自动开关机，晚上十点，准时关机，上床睡觉，雷打不动。早上八点，准时开机，眼睛一睁，洗漱整理，新的一天伴随开机铃声冉冉开始。

想想倒也优哉，一副无牵无挂无拘无束的样子。从另一个角度来说，能够做到不被密集的扑面而来的信息困围，可以适时地抽身而出，也的确葆有一份难得的清醒。

我有一部手机，包括与这部手机绑定在一起的号码，到目前用了有十多年。

刚开始几年，除了电话，每天的信息总有很多条。那时候流行信息包月，否则一毛钱一条，一来一往，来来往往，不经意间也成了一大笔花费。随着QQ、微信等现代通讯科技的嬗替，基本上没有人再发手机短信。

后来，我也换了手机和号码，但是之前那部手机依然保持开机状态。那时候。祖母还在世，祖母不识数字，对科技产品更是一窍不通，她自己不会打电话，叔父每隔一段时间会跟我通电话，还是原先那个手机号码，一般都是关于祖母的身体状况。

那时候，我和戏里的张艾嘉一样，害怕手机的来电铃声响起，因为除了叔父打来，也不再有别的人打这个号码，连10086都不来叨扰了。

我怕叔父打来电话，害怕他传来不好的消息，又怕错过他传来的消息。这种感觉，和"近乡情更怯"是很相像的。所以，只能让不再有其他电话进来的手机保持在开机状态。然而心里很清楚，这一天避免不了，迟早会到来。

如今，我已不用害怕老手机响起，不用害怕叔父带来坏消息。

L和他母亲不住在一起，自从父亲去世后，母亲就一直独居。人生七十古来稀，老人心脏不好，常年吃药，热衷于电视剧。她说，不论好不好看，哪怕鸡呀鸭的，只要有动的画面在眼前晃一晃，有声音在耳朵边闹一闹，也好哇。

L 24小时开机，他要让母亲随时能够联系到自己，哪怕在深夜12点。如此，不管对于母亲还是L自己，心里都会踏实一点。

有时，在很深的夜里，电话响起，L会条件反射一般跳起来，拿起电话，发现不是来自母亲，然而心已经扑通了一下。

24小时开机的人，大概都是这样的一种心理：害怕错过，更怕以为不会响起的电话有朝一日偏偏在半夜响起。你会因为半夜电话响起感到紧张，更会因为不开机而心有不安。

爱，是一个人24小时开机的理由。

牵挂，是一个人24小时开机的理由。

上有老，是一个人24小时开机的理由。

前段时间，有一篇文章比较火，题目是《对不起，今晚我关机》，作者以及拥趸者大概都是年轻人，父母又都在身边，要不然心里怎会没有牵挂？

我们可以因为儿女情长24小时保持开机，为了让对方随时能够"骚扰"自己。我们也可以以工作狂的名义24小时保持开机，为了表明自己随时待命的兢兢业业的决心。我们更有24小时保持开机的名正言顺的理由——牵挂。

什么时候，心里没有了牵挂，割舍了爱最痛苦的部分，才能高枕无忧，也才能心安理得地不需24小时开机。

最好的状态就是，随遇而安、遇事不急不躁，该有主心骨的时候能镇得住场，不该有的时候能心安理得躲一旁不多话；会爱人，会关心人，会牵挂人，但不缠人；有思想，有理想，有理性，很幽默，敢自嘲；会为爱的人甘于放下身段，有学习的热情和动力，每天都在进步，但不再期待别人的夸奖。

其实你发朋友圈，想被谁看到并点赞评论，心里早已经划好了圈儿。如果有一天你需要的人在身边，希望看到的都能看到，你就再也不想发朋友圈了。

要你，不要圈儿

我发朋友圈，我老公从来不点赞，这让人很郁闷。

我们是什么关系啊，我有什么动态，你为啥不第一时间赶来捧场呢？

我提醒过他几次，未果，也就不再说什么了。可是有一次，差点儿真生气。

我在单位头一次接手装订工作，笨手笨脚被锥子扎破了手掌心，血泪汩汩地流了几秒，我忍住疼，第一时间拍了照片，发了朋友圈。

马上，评论里就问候声、心疼声一片，当然点赞的更多。

独独缺我老公的，我知道他上午有个会议，肯定在玩手机，没看到我的动态不可能啊。

一个小时过去了，我彻底失望了，他老婆受伤了他还是无动于衷，视而不见，他到底爱不爱我？！

亏我经常自夸我老公是暖男，狗屁！

正在我陷入没人爱没人疼的可怜状态时，手机响了，我老公温和地在手机里说："快下楼，给你买了创可贴和西瓜。"（我们俩的单位离得很近。）

惊喜和感动万分的我依然板着脸："你就先不能给我发个微信再来？我还以为你视而不见呢！"

我老公依旧温和："你能不能别再用朋友圈考验我了？我就在离你五分钟车程的单位里，你打个电话多好，你这样发个圈儿，万一我正好没看见，你又生闷气。你看，我晚了一个小时吧，估计你都用卫生纸包扎过了吧。"

这人，这时候还能讽刺我，但我还是很开心，假装生气地说："可是别人的老公都是第一时间点赞啊。"

我老公很无奈："你手掌划破了，你让我点赞？！"

我撒娇地抱怨道："可是，你买西瓜干什么？马上该吃午饭了。"

我老公笑道："免得你以划伤手掌为由，中午又吃俩猪蹄，等下晚上又发个'胖了，是不是没人要了'考验我点不点赞……你说，我就在你身边，有话就说，有事就办，你发什么朋友圈，多此一举，真是脑子进水了。"

我觉得该给我先生上一课的时候到了，你自己不知道从我的只言片语里猜测我的愿望，还怪我脑子进水了？

发朋友圈不是目的，要来你的关怀才是目的。

我特爱看好友H发的朋友圈，从各色美食到各种自拍，从晒情人节礼物到晒出国游景点，偶尔还穿插点生活感悟。

色香味一应俱全，看她的圈儿是一种享受。

有时候我会特意去翻她的朋友圈，看看她最近有什么新花样。

她上一次发朋友圈是在两个月前。这一次翻她的朋友圈，发现她还是没更新，我觉得很奇怪，就从微信里给她留言："好久没有你的消息了，咋不发动态了？"

5分钟之后，我的电话就响起来了，是H打来的，寒暄了一阵子，她开心地告诉我说，之前暗恋的那个同事已经向她表白了。

两个人整天黏在一起，吃好吃的在一起，旅游在一起，就连每天她化好的妆，他也能第一时间看到。

H觉得，突然没什么发朋友圈的欲望了。因为她最想被点赞的那个人，现在已经天天在自己身边了。

其实你发朋友圈，想被谁看到并点赞评论，心里早已经划好了圈儿。

就像在我这里，别人再多字的评论也不如我老公的一次点赞。

在H那里，整天上蹿下跳地打理朋友圈，还不就是为了引起心仪男生的注意。

其实，谁不知道呢。

你转发新闻大事是因为他喜欢看时事，你转发笑话大全是想逗他开怀一笑，你转发天气预报是不好意思主动开口说加衣，你发条"无聊"的动态是想告诉他你有空，你发条"饿了"的动态是暗示他可以约你，你发条"开心"的动态是想表达一下遇见他你觉得好幸运。

总之，你是在圈儿里向一个人抛出媚眼，等那个人反馈回应。

可是，如果那个对的人、懂你的人，已经成为你的恋人，日日夜夜地陪伴在你的身边。

如果你在工作上招惹的不开心随时都有人开解，如果你吃过的见过的好东西都有人陪你讨论，如果你好看的难看的自拍都有一个人可以跑过去看，那还发什么朋友圈？

我说："那我们呢，我们还想通过朋友圈了解远在他乡的你呢。"

H说:"我们可以打电话啊,说实话,毕业后我们都习惯了聊微信,发朋友圈,一年都打不了一个电话,挺奇怪的。"

是呀,朋友圈到底是静止的,不如打个电话,听听彼此的声音和语气来得真实。

H说:"但凡现在身边有知心朋友的人,谁还发圈儿啊,光应酬朋友都招架不过来啊。"

仔细想想好像的确如此。

我身边还有一位从来不发朋友圈的美女呢,她叫文文,外表很光鲜,而生活又太神秘,总有好奇的人偷偷翻看她的朋友圈,以求发现点儿"她其实不像看起来那么幸福"的蛛丝马迹。

可是抱歉,她的圈里啥也没有,隔上三五个月再去看,还是一道线。

她说没什么想发的,身边三五公里之内,总有一个电话就可以叫出来的人,或者闺蜜,或者老公,或者亲人。

她的香水美食,有一帮闺蜜亲自追到眼前,品头论足。

她的头疼脑热,有一位知冷知热的爱人就在一个回头的距离内,嘘寒问暖。

她的思想动态,有一串可以随手拨出去的电话号码,可沟通交流。

这样的日子,换作是我,也不需要什么朋友圈。

我老公听闻我的逻辑,表示赞同地说:"你终于开窍了,你看我从来不发圈儿,就是因为你在身边。要你,不要圈儿。"

"要你,不要圈儿",这是我听过的最接地气的情话。

好像身边爱发朋友圈的人越来越少了。

歌里说"越长大越孤单",可孤单总是可以被填满的,如果懂你的人就在身边的话。

当告别十几二十岁的少女时代，挥手告别爱憎分明、喜形于色、五彩缤纷的朋友圈，迎接我们的是成熟、淡定和从容。

再也没有什么人需要我们去暗示，再也没有什么物品能激发我们的虚荣，再也没有什么事情能击溃我们的平静。

愿丰衣足食、现世安好。

愿你早日遇到真爱，遇到愿意和你分享生活的人，愿你永远都不用发朋友圈。

这个世界上从来没有感同身受，只有冷暖自知。也许成长就是越来越沉默，就是将哭声调成静音的过程，喜怒不形于朋友圈，把情绪收到别人看不到的地方，一个人学会坚强。